W0213310

Impressum

©Thorsten Geier, August 2008

Fester Panzer – weiches Herz
Ein Ratgeber zur naturnahen Haltung Europäischer Landschildkröten
2. vollständig überarbeitete und erweiterte Auflage mit vielen Bildern

Kleintierverlag Thorsten Geier
Biebertal 2008

ISBN 978-3-9811212-2-3

Fotos auf der Umschlagseite:
Th. Geier, M. Hauff (großes Foto)

Das Werk einschließlich aller seiner Teile ist urheberrechtlich geschützt. Jede Verwertung ist ohne Zustimmung des Verlags unzulässig. Dies gilt insbesondere für Vervielfältigungen, Übersetzungen, Mikroverfilmungen sowie Speicherung und Verarbeitung mittels elektronischer Systeme.
Alle in diesem Buch enthaltenen Empfehlungen und Hinweise wurden vom Autor mit größter Sorgfalt und nach bestem Wissen und Gewissen erstellt. Der Autor und/oder der Verlag können für Schäden, die infolge der Verwendung aller in Text und Abbildungen enthaltenen oder daraus zu entnehmenden Praxishinweise entstehen, nicht haftbar gemacht werden. Dies gilt besonders für Hinweise bzgl. des Baus von Gehegen aller Art, eingeschlossen ihre technische Ausstattung. Ziehen Sie ggf. zu jeder baulichen Maßnahme Fachleute hinzu. Beauftragen Sie mit Installation und Wartung stromführender Geräte immer einen Elektriker.

Fotos, wenn nicht anders angegeben: Thorsten Geier

© 2008 Kleintierverlag
Thorsten Geier
Postfach 11 11
35441 Biebertal
Telefon: +49 (0)6409 6619485
Telefax: +49 (0)6409 6619485
E-Mail: info@Kleintierverlag.de
Internet: www.Kleintierverlag.de

Fachlektorat: Hans-Dieter Philippen
Lektorat: Bernd Ehgart
Umschlag und Buchgestaltung: Katharina Feld Design

THORSTEN GEIER

FESTER PANZER-
WEICHES HERZ

Ein Ratgeber zur naturnahen Haltung
Europäischer Landschildkröten

THORSTEN GEIER
kleintierverlag.de

Inhalt

Vorwort 6

I Überlegungen vor dem Kauf 8

II Schildkröten für Kinder? 14

III Kurzbeschreibung der Arten und natürliche Vorkommensgebiete 24

IV Die Natur als Vorbild 36

V Verschiedene nicht optimale Möglichkeiten der Haltung 42

VI Freilandgehege für Landschildkröten 50

VII Naturnahe Ernährung durch Futterpflanzen 70

VIII Gesunde Schildkröten 96

IX Erfolgreiche Vermehrung 108

X Haltung und Aufzucht von Schlüpflingen und Jungtieren 122

XI Winterstarre 132

XII Irrtümer in der Schildkrötenhaltung 156

XIII Schildkrötenhaltung in der Jahresübersicht 162

XIV Artenschutz und gesetzliche Regelungen 164

Danksagung/Nachwort 172

Anhang 174

Vorwort

Liebe Schildkrötenfreundin, lieber Schildkrötenfreund,

ich freue mich sehr, dass Sie sich für Europäische Landschildkröten interessieren und diesen Haltungsratgeber zur Hand nehmen. Mit meinem Buch wende ich mich insbesondere an Anfänger in der Schildkrötenhaltung, Kinder eingeschlossen. Auch der fortgeschrittene Halter wird sicher wertvolle Anregungen für die Praxis gewinnen.

Mich selbst hat das „Landschildkrötenfieber" 1999 gepackt: Sofort begeisterte mich der Umgang mit diesen faszinierenden Tieren. Von einer anfangs sicherlich guten, aber leider eben nicht ganz optimalen Haltung abgesehen, leben meine Landschildkröten heute in großen Freilandgehegen, mit z. B. vielen Steinen, Hügeln und Pflanzen. Das Thema der artgerechten Haltung von Landschildkröten steht im Mittelpunkt dieses Textes. Für mich ist es sehr wichtig, dass die Tiere, die eigentlich nicht in unseren Breiten heimisch sind, auch in menschlicher Obhut ein soweit als möglich ihrer Art entsprechendes Leben führen. Daher befasse ich mich mit der Frage, wie ein Lebensraum gestaltet werden kann, der den Bedürfnissen dieser Tiere möglichst nahe kommt. Diese Frage beantworte ich in aller Ausführlichkeit und mit vielen ansprechenden Fotos. Dabei möchte ich den Schwerpunkt auf die Haltung im Freigehege legen und dazu auch geeignete Futterpflanzen vorstellen. Gerade bei Haltung und Ernährung können gravierende Fehler gemacht werden. Um diese Fehler von Anfang an zu vermeiden, darf ich Ihnen schon jetzt viele Fotos versprechen, die meine eigenen Landschildkrötengehege und die anderer professioneller Halter zeigen. Zugleich stelle ich Ihnen auch viele geeignete Futterpflanzen in Großaufnahmen vor. Das soll den Tieren eine optimale Futterversorgung garantieren.

Selbst für erfahrene Halter wirft die Zeit der Winterstarre immer wieder Probleme auf. Auch dazu erhalten Sie in diesem Buch ausführlich wichtige und interessante Informationen. So hat z. B. ein im Sommer optimal gehaltenes Tier die allerbesten Chancen seine Winterstarre ohne Komplikationen zu überdauern.

Dieser Ratgeber basiert auf Erfahrungen mit Schildkrötenhaltung in Deutschland/Hessen. So ist z. B. wichtig zu wissen, dass regionale Temperaturunterschiede die Aktvitätszeit beeinflussen und dass sich deswegen an meinen Haltungsempfehlungen Modifikationen ergeben können.
Ein Beispiel: Meine Tiere erwachen im März aus der Winterstarre – die eidgenössische Schildkröte aus Davos würde sich zum gleichen Zeitpunkt noch über meterhohen Schnee wundern.

Nun möchte ich Ihnen viel Spaß und Freude mit der vorliegenden Lektüre wünschen und Ihnen die weitestgehend an die Natur angelehnte Haltung meiner Tiere vorstellen, die mich seit fast 10 Jahren begleiten. Es gibt viele Möglichkeiten, Schildkröten zu halten. Ich bin überzeugt, dass meine Erfahrung in der Haltung von Europäischen Landschildkröten einen wichtigen Beitrag zu einer Haltungsoptimierung leisten. So werden Ihre Schildkröten ein artgerechtes Leben verbringen und Sie viel Freude an ihnen und mit ihnen haben. Außerdem möchte ich dazu anregen, meine Ratschläge weiterzugeben, um so z. B. einem in seinem Schuhkarton dahinvegetierenden Tier ein besseres Leben zu ermöglichen.

Vielleicht lernen wir uns auch einmal persönlich auf einem meiner Workshops (www.schildkroetenfreund.de) oder anderen Veranstaltungen kennen.

Bis dahin …

Ihr

Thorsten Geier

Thorsten Geier

Thorsten Geier in einem seiner Schildkrötengehege
Foto: Bianca Wagner

I

ÜBERLEGUNGEN VOR DEM KAUF

Schnell ist ein Tier angeschafft, und oft sehe ich, dass sich manche Schildkröten-Neulinge erst im Nachhinein Gedanken zur Pflege ihrer Landschildkröten machen. Ich möchte nun Aspekte nennen, die Sie vor einer Entscheidung zum Erwerb von Europäischen Landschildkröten prüfen sollten. Grundsätzlich sollte man sich zunächst fragen, ob sich alle notwendigen Bedingungen herstellen lassen, um eine möglichst artgerechte und somit naturnahe Haltung im eigenen Garten zu realisieren.
Auch wenn Schlüpflinge oder Jungtiere, die gerne als so genannte Ersttiere von Anfängern erworben werden, noch so klein sind – auch diese benötigen Platz. Eine Haltung in einer kleinen Kiste oder einem beengenden Terrarium ist sicher möglich, aber weder vom Platzangebot noch von sonstigen Haltungsvoraussetzungen her ausreichend. Vielmehr wird bei der Freilandhaltung von Jungtieren ein Freigehege von beispielsweise 1,20 x 1,20 m benötigt, welches nach 2-3 Jahren erneut vergrößert werden muss. Auch ein Schutzhaus (z. B. Frühbeet oder Gewächshaus) von anfangs etwa der gleichen Größe wie das Freigehege muss ebenfalls bereitgestellt werden. Eine für Landschildkröten sehr wichtige Voraussetzung, um auch in menschlicher Obhut zufrieden leben zu können, ist das Vorhandensein technischer Einrichtungen in Form von Wärmelampen sowie Heizmöglichkeiten gegen Frost, die man im Schutzhaus installiert. Eine überaus notwendige und sehr hilfreiche Unterstützung ist eine geeignete Person, die während der Abwesenheit des Halters die Urlaubsvertretung übernimmt. In einem Gehege, in dem die Futterpflanzen optimal eingewachsen sind, können sich die Tiere selbständig versorgen und müssen nicht gefüttert werden. Jedoch sollte sich die beauftragte Person mit Schildkröten auskennen. Die Urlaubsvertretung sollte vor allem das tägliche Reinigen und das Wiederauffüllen der Badeschale sowie eine mehrmals tägliche Kontrolle übernehmen. Auch das Funktionieren von Lampen, Zeitschaltuhren, Ersatzbirnen etc. sollte – vor allem bei längerem Urlaub – im Auge behalten werden.

Kommen wir nun wieder auf unsere Lieblinge selbst zu sprechen: Europäische Landschildkröten haben bei optimaler Haltung eine sehr hohe Lebenserwartung, die etwa der des Menschen entspricht. Generell empfehle ich Anfängern die Haltung von mindestens zwei Tieren, die bereits 1-2 Jahre alt sind. Der beste Zeitpunkt zum Erwerb ist nach der Winterstarre (April oder Mai).

Schlüpfling der Griechischen Landschildkröte

Tiere, die erst im Sommer oder Herbst erworben werden, zeigen aufgrund der Winterstarrevorbereitung eine verminderte Aktivität, die für den Halter sicher nicht mehr so interessant bzw. teilweise beunruhigend ist. Auf keinen Fall sollte man winterwache Tiere kaufen, denn das bedeutet immer, dass man ihnen die absolut lebensnotwendige Winterstarre vorenthält.

Die tägliche Pflege kann sicher nicht mit der eines Hundes verglichen werden, es ist eben eine ganz andere und spezielle Art der Pflege. Den größten zeitlichen Aufwand bedeutet das Bauen eines Freigeheges mit Schutzhaus (Frühbeet oder Gewächshaus) und das Strukturieren der Freigehege mit Steinen und Futterpflanzen. Ist dies alles einmal erstellt, so ist die Hauptarbeit erledigt. Es sollte aber mehrmals am Tage sichergestellt werden, dass es den Tieren gutgeht. Neben täglichen Sichtkontrollen müssen auch Reinigungsarbeiten (Entfernung von Kotresten, Säubern der Wasserschalen etc.) durchgeführt werden.

Ein abwechslungsreiches Futterangebot lässt sich durch Vorziehen von Futterpflanzen (z. B. in größeren Blumenkästen) gewährleisten, um sie später in die Gehege einzupflanzen.
Unterschiedliche Gehegearbeiten, wie z. B. das Zurückschneiden der Pflanzen, Säen oder Aussetzen der vorgezogenen Futterpflanzen, fallen ebenso an.

Die beste Möglichkeit zum Erwerb von Landschildkröten ist die bei einem Züchter Ihres Vertrauens, der bereitwillig seinen kompletten Bestand an Tieren zeigt und der im persönlichen Gespräch Anregungen für die Haltung, Gehegegestaltung etc. gibt. Bei auftretenden Problemen sollte man diesen persönlich zurate ziehen können. Bevor man sich jedoch dazu entscheidet, Landschildkröten zu kaufen, halte ich es für sehr wichtig, dass man zuerst das Gehege komplett fertigstellt (nicht eine provisorische Lösung wählen!) und erst dann die Tiere in das Gehege überführt.

Bei der Informationsbeschaffung sind Bücher, Zeitschriften und Internetseiten sehr nützlich. Vorsicht ist jedoch bei älterer Lektüre geboten, die teilweise veraltete oder sogar falsche Haltungsratschläge enthält.
Eine ebenso gute Möglichkeit ist es, sich bei Schildkrötenhaltern persönlich zu informieren und z. B. das Schildkrötengehege anzusehen.
Stets aktuelle Informationen erhalten Sie auf speziellen Schildkröten-Tagungen und bei -Stammtischen.
Nutzen Sie bitte zu Ihrer Schildkröten-Recherche mehrere unabhängige Quellen. Sie werden allerdings schnell feststellen, dass man auf unterschiedliche Meinungen stößt. Suchen Sie am besten die Tipps heraus, die – wenn man die Natur als Vorbild nimmt –, als artgerechteste und sinnvollste Lösungen in Betracht kommen.

Wie Sie sehen, ist es mit einem einfachen „Halten" im Sinne des bloßen Aufbewahrens von Schildkröten sicher nicht getan. Die Tiere benötigen weitaus mehr Pflege, als man vielleicht zunächst denken mag. Nur bei einer naturnahen Haltung kann man aber sicher sein, dass sich die Tiere wohlfühlen, gesund bleiben und der Halter viel Freude mit seinem Hobby hat.

Abschlussbemerkung:

Ich hoffe, dass Sie trotz eines gewissen regelmäßigen Aufwands an Zeit, den Sie erbringen müssen, der Meinung sind, dass Europäische Landschildkröten Ihnen sehr viel Vergnügen bereiten werden.

Ich gratuliere Ihnen zum Entschluss, diese interessanten Tiere halten zu wollen, und wünsche viel Freude bei einem artgerechten Umgang mit ihnen.
Die nachstehenden Ausführungen, als Ergebnis meiner langjährigen Praxiserfahrung, sollen Ihnen dazu eine fachkundige Hilfe sein.

II 2
SCHILDKRÖTEN
FÜR KINDER ?

Kinder haben erfahrungsgemäß ein sehr großes Interesse an Landschildkröten. Der täglich notwendige aufmerksame Umgang mit diesen sensiblen Tieren wird besonders jüngere Kinder häufig überfordern, dies z. B. schon allein aus Gründen einer noch nicht voll ausgebildeten Feinmotorik.

Deswegen sollten unbedingt auch die Eltern Gefallen an den Tieren haben und bereit sein, sie dauerhaft zu pflegen. Schließlich kann man von Kindern nicht erwarten, dass sie eigenständig ein Gehege anlegen, die Winterstarre überwachen, im Krankheitsfalle zu einem spezialisierten Tierarzt fahren und generell ein wachsames Auge auf die Schildkröten haben.

Diese Tiere zu einer Art lebendem Geschenk spontan umzufunktionieren, ohne sich vorher Gedanken über eine artgerechte Haltung zu machen, lehne ich also ab.
Ebenso sind Schildkröten nicht wie viele Haustiere als Spielgefährten für Kinder geeignet!

Aus Erfahrung kann ich sagen, dass die ganze Familie aus Interesse heraus das Tier aufnehmen, betreuen und pflegen muss. Vielleicht besteht vor dem Erwerb die Möglichkeit, einen Schildkrötenzüchter zu besuchen, der Sie und die Kinder ausführlich informiert. Sie sollten überlegen, zunächst eine Art Patenschaft zu übernehmen, um zu testen, ob die Kinder auch noch nach einigen Wochen Interesse an den Tieren haben. Wenn dies weiterhin bestehen sollte, kann man die Anschaffung planen.

Da ich gerade auch an Kinder Informationen über Landschildkröten weitergeben möchte, habe ich mich bemüht, Fachwissen gut verständlich darzustellen. Die anschaulichen Illustrationen und die dazugehörigen Kurztexte aus der Reihe *Benny Blu Landschildkröten – Lebende Urtiere* (Regensburg 2009, Kinderleicht Wissen Verlag) sind dazu hervorragend geeignet.

Liebe Kinder,

vielleicht habt ihr zu Hause bereits Haustiere oder Freunde, die einen Hund oder eine Katze besitzen. Dann wisst ihr bestimmt, dass man die Tiere pflegen muss und es ihnen immer gutgehen soll. Wenn ihr Interesse an Landschildkröten habt, dann bittet doch eure Eltern oder eure Geschwister, euch aus diesem Buch etwas über die Tiere zu erzählen.

Landschildkröten gehören zur Gruppe der Reptilien. Diese wechselwarmen Tiere sind von der Umgebungstemperatur abhängig. Bei guter Haltung können sie älter als 50 Jahre werden.

Ausgewachsene Griechische Landschildkröten wiegen etwa soviel wie 2 volle Milchpackungen und sind ungefähr so groß wie die beiden Buchseiten, die ihr gerade lest oder die euch gerade vorgelesen werden.

Damit die Tiere gesund bleiben, benötigen sie leckeres und gesundes Futter, ein schönes Freigehege, einen Winterschlaf und einen Schildkrötenfreund, der sich immer um sie kümmert.

Landschildkröten

Sie besitzen fast immer einen hohen Panzer. Ihre Füße sind mit festen Schuppen besetzt.

Der Panzer von Landschildkröten wirkt sehr fest und unverletzlich. Trotzdem muss man sehr vorsichtig mit den Tieren umgehen. Man sollte sie möglichst wenig in die Hand nehmen, davor haben Schildkröten Angst. Für mich ist es schon sehr interessant, wenn ich meine Lieblinge im Garten beobachte. Dazu muss ich sie nicht anfassen.

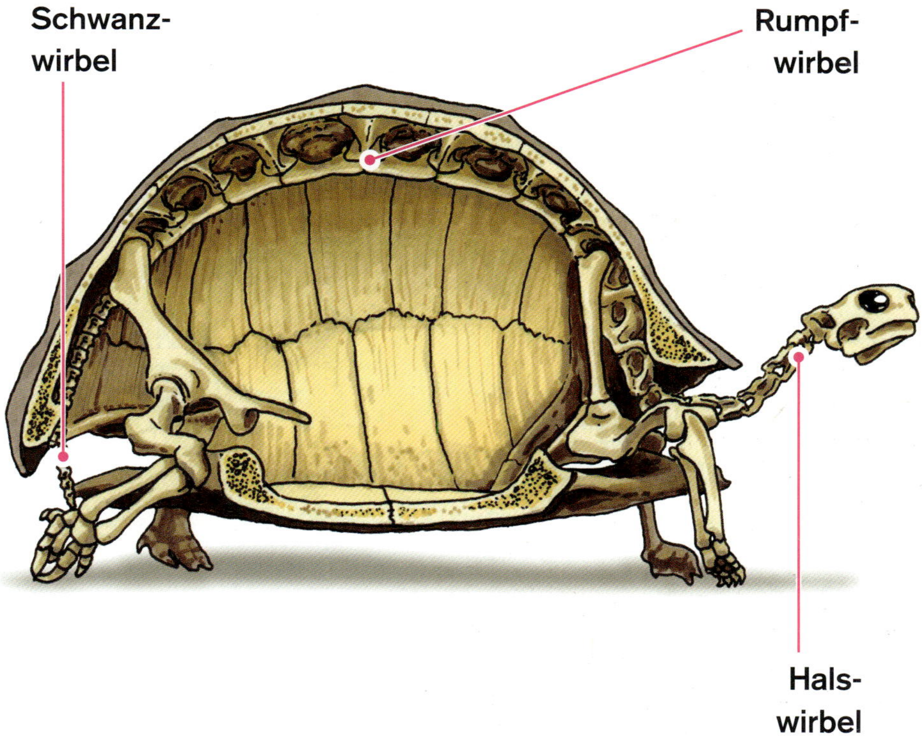

Körperbau
Schildkröten sind Wirbeltiere. Sie haben eine Wirbelsäule. Rechts und links davon verlaufen Rippen. Sie sind mit dem Panzer verwachsen.

In Deutschland ist es für die Tiere viel zu kalt. Landschildkröten leben zum Beispiel in Griechenland und sind dort viel wärmere Temperaturen gewohnt.
Unsere Lieblinge brauchen bei uns einen Garten mit einem Gewächshaus oder einem Frühbeet. Das ist ein Glaskasten, in dem Pflanzen zu wachsen anfangen.
Ein solches Frühbeet oder ein Gewächshaus brauchen Schildkröten unbedingt, damit sie dort bei kaltem Wetter oder wenn es regnet hineinkrabbeln können.

Dieser Unterschlupf muss an kalten Tagen mit einer Wärmelampe geheizt werden, damit sich die Tiere wohlfühlen.

Landschildkröten fressen am liebsten Löwenzahn, Spitzwegerich und Klee. Aber auch andere Pflanzen wie Malven, Hibiskus und Ringelblume mögen sie gerne. Lasst euch doch einmal von euren Eltern diese Futterpflanzen im Garten zeigen. Landschildkröten können durch Obst, Salat und Gemüse krank werden.

Gemäßigtes Klima
Landschildkröten kommen auch im warmen Süden Europas vor. Sie leben zum Beispiel in Griechenland und in der Türkei.

Die Tiere vertragen dieses Futter nicht, auch wenn es für uns Menschen gesund ist und dies die Tiere sehr gerne fressen. Daher pflanze ich im Garten viele Kräuter und Futterpflanzen an, damit sich die Tiere gesund ernähren können.

Nicht nur für uns ist Trinkwasser sehr wichtig. Auch Landschildkröten müssen immer eine flache Trinkschale mit frischem Wasser im Garten haben, damit sie nicht verdursten.

Damit es den Schildkröten nicht langweilig wird, klettern sie im Garten über Steine, Wurzeln und Erdhügel. Dies hält sie gesund und macht den Tieren viel Spaß.
Das ist wie in eurem Kinderzimmer. Darin habt ihr bestimmt viele Spielsachen und ein warmes Bett, in dem ihr euch wohlfühlt.

Vielleicht kennen eure Eltern einen Schildkrötenzüchter, den ihr einmal zusammen besuchen könnt. Dort könnt ihr Schildkröten beobachten und euch über diese Tiere informieren.

Zu Hause halten
Landschildkröten sind beliebte Heimtiere. Viele Menschen haben ihr ganzes Leben damit Freude.

Wenn es im Herbst kälter wird, werden die Tiere immer langsamer und verstecken sich im Laub oder Heu. Für sie beginnt nun der Winterschlaf. Die Schildkröten können dann zum Beispiel im kalten Keller in einer Holzkiste schlafen. Ich achte darauf, dass es ihnen gutgeht und sie nicht aufwachen.

Wenn es im März wieder wärmer wird, werden die Tiere wach und beginnen nach dem langen Winterschlaf wieder zu fressen.

Schlaf
Auch als Heimtiere brauchen die Europäischen Schildkröten unbedingt ihren Winterschlaf.

Illustrationen und zugehörige Kurztexte aus:
Benny Blu, Landschildkröten – Lebende Urtiere

Text von Simon Eckstein
Illustriert von Gregor Schöner

ISBN: 978-3-86751-179-7
1,99 € (D) / 2,10 (A)
Herausgeber:
Kinderleicht Wissen Verlag GmbH & Co. KG
Regensburg,
Tel. 0941/56 81 89 55,
www.bennyblu.de

© 2009

III

KURZBESCHREIBUNG DER ARTEN UND NATÜRLICHE VORKOMMENSGEBIETE

Griechische Landschildkröte (westliche Unterart)
Testudo hermanni hermanni

Verbreitung der Griechischen Landschildkröte (westliche Unterart) nach KIRSCHE (1997)

■ *Testudo hermanni hermanni*

Die westliche Unterart der Griechischen Landschildkröte zeigt einen sehr kontrastreich gefärbten Panzer. Auf dunklen Flächen sind gelb leuchtende Stellen gut sichtbar. Am Bauchpanzer (Plastron) fällt eine durchgehende schwarze Bänderung auf, die bei der östlichen Unterart (siehe folgende Artbeschreibung) fehlt. Am Ende des Schwanzes befindet sich ein Hornnagel.

Weibliche Tiere erreichen bei einem Gewicht von ca. 600-1.200 g eine Panzerlänge von maximal 20 cm. Die männlichen Tiere bleiben bei 400-800 g mit einer ausgewachsenen Panzerlänge von ca. 17 cm ein wenig kleiner.

Wie Sie der Verbreitungskarte nach KIRSCHE (1997) entnehmen können, ist *Testudo hermanni hermanni* in Küstennähe von Nordostspanien über Südfrankreich bis nach Nord- und Mittelitalien anzutreffen.

Auch auf Mallorca, Korsika und Sardinien sind diese Tiere heimisch.

Griechische Landschildkröte (östliche Unterart)

Testudo hermanni boettgeri

Verbreitung der Griechischen Landschildkröte (östliche Unterart) nach KIRSCHE (1997)

■ *Testudo hermanni boettgeri*

Die bei uns am häufigsten gehaltene Europäische Landschildkröte ist die östliche Unterart der Griechischen Landschildkröte. Zu Importzeiten zwischen 1950 und 1980 kamen vor allem diese Tiere über den Zoohandel zu uns. Der Panzer ist gewölbt, leicht oval bei oliv-bräunlicher Färbung.

Im Gegensatz zur westlichen Unterart findet sich bei *Testudo hermanni boettgeri* keine durchgehend zusammenhängende Bänderung, sondern höchstens mit einzelnen Panzerschilden verschmolzene Pigmentflecke. Am Ende des Schwanzes sitzt ein Hornnagel.

Ausgewachsene weibliche Griechische Landschildkröten der östlichen Unterart werden bei einem Gewicht von etwa 1.500-2.500 g mit ca. 23-30 cm deutlich größer als männliche Tiere.

Diese erreichen etwa 12-22 cm und wiegen ca. 800-1.200 g.

Die Tiere stammen ursprünglich unter anderem aus Griechenland, Rumänien, Bulgarien, Kroatien, und der Türkei.

Maurische Landschildkröte
Testudo graeca

Verbreitung der Maurischen Landschildkröte nach KIRSCHE (1997)

■ *Testudo graeca ibera* ■ *Testudo graeca graeca*

Die Maurische Landschildkröte wird in eine Vielzahl von Unterarten eingeteilt. Betrachtet man die Verbreitungskarte nach KIRSCHE (1997), so fällt auf, dass das natürliche Verbreitungsgebiet (Habitat) von *Testudo graeca* von Marokko über Südspanien bis zum Kaspischen Meer ausgedehnt ist.

Daher lassen sich diese Arten nur schwer zusammenfassend beschreiben. Ich werde mich deswegen auf die bei uns häufigste gehaltene Maurische Landschildkröte beschränken: *Testudo graeca ibera*. Der in seiner Grundfärbung sehr dunkele Panzer der Jungtiere zeigt hellere Flecken, während ältere Tiere hingegen eher einfarbig dunkel bis schwarz sind. Diese Tiere zeigen beidseitig eine Höckerschuppe zwischen Hinterbein und Schwanz. Im Gegensatz zur Griechischen Landschildkröte ist bei der Maurischen Landschildkröte kein Hornnagel vorhanden.

Ausgewachsene Tiere erreichen in der Regel eine Größe von bis zu 25 cm und wiegen bis zu 2.000 g.

Als natürliches Verbreitungsgebiet der Maurischen Landschildkröten gilt vor allem Griechenland, die Türkei, Bulgarien und Rumänien.

Breitrandschildkröte
Testudo marginata

Verbreitung der Breitrandschildkröte nach KIRSCHE (1997)

■ *Testudo marginata*

Die Breitrandschildkröte zählt zu den größten Europäischen Landschildkröten. Sie fällt durch interessante Form und Farbkennzeichen auf. Der Rückenpanzer (Carapax) von Jungtieren ist durch eine anfängliche Hell-Dunkel-Färbung noch sehr kontrastreich. Später, je älter die Tiere werden, kann der Panzer auch beinahe komplett dunkel sein, bis auf kleine helle Flecken in der Mitte der Panzerschilder. Charakteristisch ist der Bauchpanzer mit seinen dreiecksförmigen Flecken. Bei ausgewachsenen (adulten) Tieren wölben sich die Randschilde des Panzers stark nach außen.

Diese auffällige Formung begründet die Bezeichnung der Art. *Testudo marginata* kann eine Panzerlänge von über 30 cm erreichen.

Die Tiere haben verglichen mit anderen Europäischen Landschildkröten ein relativ begrenztes Vorkommensgebiet, welches sich auf Griechenland und Sardinien beschränkt.

Die hier gezeigten Fotos der Breitrandschildkröte zeigen ein Jungtier mit noch juveniler (jugendlicher) Zeichnung.

Steppen- oder Vierzehenschildkröte
Testudo (Agrionemys) horsfieldi

Verbreitungskarte der Steppenschildkröte nach KIRSCHE (1997)

■ *Testudo (Agrionemys) horsfieldi*

Die Steppenschildkröte *Testudo (Agrionemys) horsfieldi*, auch Vierzehenschildkröte genannt, gilt, wenn man sie als europäische Art bezeichnen will, als kleinste Europäische Landschildkröte.

Charakteristisch besitzt sie einen runden beinahe helmförmigen Panzer, mit einer gelb-oliven bis braunen Grundfarbe. Zu Importzeiten zwischen 1950 und 1980 wurde auch sie neber der Griechischen Landschildkröte sehr häufig nach Deutschland gebracht. Die kräftigen Vorderbeine besitzen nur 4 Zehen und sorgen so für ihren Namen. Die Tiere verstecken sich gern im Gehege und graben in Erwartung von Trockenzeiten und im Herbst oft tiefe Erdgänge. Gerade deswegen sollte man auf Gehegebegrenzungen großen Wert legen, die nicht untergraben werden können. Weibliche Tiere erreichen eine maximale Größe von ca. 20 cm. Männliche Tiere bleiben deutlich kleiner.

Betrachtet man das Habitat, so fällt das sehr ausgedehnte Verbreitungsgebiet auf. Die Tiere stammen nach KIRSCHE (1997) aus Kasachstan, Usbekistan, Afghanistan, Belutschistan, Pakistan und Iran.

Bei einem Leben in menschlicher Obhut sollte die Haltung soweit als möglich an die ursprünglichen Biotope angepasst sein. Eine Haltung im Frühbeet oder Freigehege und während der Winterstarre muss der Trockenheit der natürlichen Vorkommensgebiete (z. B. Steppen) stets Rechnung tragen.

IV

DIE NATUR ALS VORBILD

Breitrandschildkröte auf Sardinien

Die Tiere leben in der Natur sehr zurückgezogen und verstecken sich häufig.

Ältere Breitrandschildkröte sonnt sich im natürlichen Habitat auf Sardinien

Bei der Haltung von Schildkröten ist es sehr wichtig, sich die ursprünglichen Vorkommensgebiete der Tiere bewusst zu machen. Gerade beim Gehegebau sollten wir für unsere in menschlicher Obhut lebenden Tiere das Vorbild der Natur so weit wie möglich nachahmen. Aber viele Fragen zur allgemeinen Haltung dürften sich beim Blick in ein Schildkrötenhabitat bereits weitgehend klären, z. B. Themen wie geeignetes Futter, wichtige Aspekte der Haltung, der Winterstarre etc.

Von meinen bisherigen Ausflügen, z. B. in die Schildkrötenbiotope Sardiniens, habe ich immer wieder begeisternde Eindrücke wie die folgenden mitnehmen dürfen: riesige großflächige Habitate mit Steinen, dichtem Strauchbewuchs und vor allem im Frühjahr mit herrlichen Blütenfarben geschmückte Landschaften, in denen Europäische Landschildkröten natürliche und schöne Lebensbedingungen vorfinden.

Im starken Gegensatz dazu sehe ich dunkle, zu warme oder zu kühle, zugige Behältnisse mit ungeeignetem Substrat, krankmachendes Futter, fehlende Licht- und UV-Quellen; Tiere, die unüberlegt angeschafft, als Spielzeug gedankenlos verschenkt wurden und körperlich geschwächt ihr leidvolles Leben in Gefangenschaft dahinvegetieren müssen.

Offene Stellen und geschützte Bereiche im natürlichen Schildkrötenhabitat auf Sardinien

Sehr steiniges Habitat auf Mallorca

Griechische Landschildkröte auf Mallorca

Selbstverständlich gibt es Menschen, die Schildkröten als „langweilig" und „langsam" erleben. Tatsächlich werden diese Tiere nur dann durch ihre Aktivität reges Interesse beim Halter wecken, wenn man sie ihre Aktivität leben lässt, d. h. sie nicht unter schlechten Bedingungen hält und dafür sorgt, dass sie 'gesund und munter' bleiben. Ich möchte Sie dafür gewinnen, Schildkröten in Ihrer Obhut so artgerecht wie möglich zu halten. Das vorherige Kapitel hat Ihnen einzelne Arten und Unterarten gezeigt. Deren natürliche Vorkommensgebiete wollen wir in unserem Garten durch verschiedene gestalterische und bauliche Maßnahmen nachstellen. Sie werden feststellen, dass die naturnahe Haltung von Europäischen Landschildkröten anfangs mit relativ viel Arbeit und Kosten verbunden ist – doch nur solch eine Haltungsart kann es rechtfertigen, Tiere zu halten, die vom Klima und von ihrem heimatlichen Lebensraum her betrachtet eigentlich nicht zu uns gehören. Ich bin mir allerdings sehr sicher, dass der Anblick von gesunden und aktiven Tieren den Aufwand mehr als belohnt und uns viel Freude an einem wunderbaren Hobby bereitet!

Die kontrastreiche Zeichnung des Panzers ermöglicht es den Tieren, sich besonders gut zu verstecken.

Offene Bereiche im Habitat auf Sardinien

V

VERSCHIEDENE NICHT OPTIMALE MÖGLICHKEITEN DER HALTUNG

Unsachgemäße Haltung

Artgerechte Haltung

Für die Pflege von Europäischen Landschildkröten gibt es keine speziellen Vorschriften. Daher trifft man viele unterschiedliche Haltungsmöglichkeiten in Gefangenschaft an, von denen ich einige vorstellen möchte. Ich betone: Die jetzt beschriebenen Formen der Schildkrötenhaltung müssen als nicht artgerecht betrachtet werden. Aus Unwissenheit vieler Schildkrötenfreunde sind sie gleichwohl weit verbreitet. Deswegen thematisiere ich sie hier.

Verschiedene nicht optimale Möglichkeiten der Haltung

Terrarium

Auch wenn die Tiere ein noch so schönes Terrarium vorfinden, das mit Steinen, Erde, Pflanzen und sogar einer Licht- und Wärmequelle ausgestattet ist, fehlen den Schildkröten vor allem trotzdem der Wechsel der Tag- und Nachttemperaturen und die Änderungen der Lichtintensität im Laufe der Jahreszeiten. Beides ist besonders in Bezug auf die Winterstarrevorbereitung sehr wichtig. UV-B-Strahlen der Sonne können nicht durch die Fenstergläser zu den Tieren ins Terrarium gelangen.
Diese lebenswichtige Energiequelle muss durch teure Lampen mit viel zu geringer Strahlungsintensität nachgestellt werden. Dennoch wird Schildkröten-Neulingen aus Unwissenheit häufig zu einem Terrarium als „Standardausstattung" geraten.

Auch die meist viel zu warme Umgebungstemperatur (beliebter Aufstellplatz eines Terrariums ist ein warmes Wohnzimmer) und das Platzangebot (oft noch nicht einmal 1 m^2) sind wirklich nicht optimal.
Schnell wird man feststellen, dass die ins Terrarium eingebrachte Gartenerde rasch austrocknet, das Zimmer verstaubt, das Tier den ganzen Tag an der Glasscheibe und auf der kleinen Fläche hin und her läuft. Mit dieser Terrarienhaltung, die nach meiner Erfahrung ungeeignet und zudem viel teurer ist als ein naturnah angelegtes Freigehege, wird man keinesfalls auch nur annähernd den Bedürfnissen der Tiere gerecht.
Kaum besser als die 'klassische' Glasterrariumhaltung ist das Benutzen von Plastikwannen, z. B. Unterbau eines großen Meerschweinchenkäfigs, als Unterbringung. Obwohl deren Fläche im Vergleich zu der eines Terrariums deutlich größer sein mag und obwohl das Blickfeld der Schildkröte durch die Plastikwanne begrenzt wird und die Tiere sich dadurch sicherer fühlen, muss auch diese Art der Haltung (trotz des geringen Anschaffungspreises des Behälters) als nicht sinnvoll angesehen werden.
Ein Plastikunterbau ist zwar vom Gewicht her deutlich leichter als ein Terrarium, es besteht eine bessere Möglichkeit des Umstellens, z. B. vom warmen Wohnzimmer in einen unbeheizten Raum, in dem die Nachttemperaturen deutlich niedriger sind, es können auch hier Wärmelampen installiert werden, und trotzdem ist das Ziel einer artgerechten Haltung auch hier weit verfehlt.

'Bodenhaltung',

Foto: F. Brenner

Eine Haltung auf dem Zimmerboden ist für Europäische Landschildkröten gefährlich und absolut nicht artgerecht. Verletzungen durch Einklemmen in der Tür oder Darauftreten könnten die Folge sein. Dieses Foto wurde ausschließlich zu Dokumentationszwecken erstellt und soll in gar keiner Weise als Vorschlag zur Haltung aufgefasst werden.

Fußboden

Vielleicht denkt der Halter: Für meine Schildkröte muss doch die Bodenfläche des Zimmers verglichen mit der ihres Terrariums groß und interessant genug sein. Er irrt sich. Ich rate auch von einer nur zeitweisen 'Bodenhaltung' entschieden ab. Nicht nur die unhygienischen Zustände (Kot auf Teppich etc.) sprechen gegen eine solche Haltung. Zunächst besteht die Gefahr, dass man aus Unachtsamkeit auf das Tier tritt. Außerdem setzt man es durch die am Boden immer herrschende Zugluft dem hohen Risiko einer Lungenentzündung aus, die in einem über Jahre andauernden Prozess zum Tod des Tieres führen kann.

Balkon

Bei dieser Haltungsart kann man zwar die Fläche des Unterbaus (z. B. Plastikwanne, Holzkiste) im Gegensatz zu einem Terrarium auf einfache Weise vergrößern, zwar bekommen die Tiere von den Außenbedingungen (Temperaturverlauf, Tageslichtlänge etc.) deutlich mehr mit als im Haus, zwar erweist sich die Elektroinstallation durch die direkte Verbindung zum Wohnhaus als vergleichsweise einfach, trotzdem muss gesagt werden: Auch die Haltung auf dem Balkon ist wenig artgerecht. An heißen Sommertagen sollte man die Gefahr durch Überhitzung der Tiere nicht unterschätzen, da eine natürliche Schattierungen, wie z. B. Sträucher und andere Pflanzen, auf dem Balkon meist fehlen.

Wenn dennoch Schildkröten in einem Behältnis mit Erde als Substrat auf dem Balkon gehalten werden, sollte man allerdings einsetzende starke Regenfälle beachten. In einer undichten Wanne kann das Wasser den für die Schildkröte notwendigen Untergrund davonschwemmen und das aufgeweichte Erdreich die Hauswand herunterfließen. Ist die Wanne dicht, wird die Schildkröte möglicherweise sogar ertrinken.

Wiese

Eine weitere sehr ungeeignete Haltungsform ist die Haltung auf dem Rasen – ohne fachmännisch errichtetes und durchstrukturiertes Gehege (vgl. das folgende Kapitel). Zu den Importzeiten von Anfang der 50er bis Mitte der 80er Jahre des letzten Jahrhunderts, als Tausende Landschildkröten zu uns gebracht wurden, hielt man diese nach damals verbreiteter Meinung wenig Pflege benötigenden Tiere oft auf der kurzgemähten Wiese des Gartengrundstücks. Zwar hatten die Schildkröten im Vergleich zur Haltung im Haus einen großen Vorteil, zum Beispiel durch wechselnde Licht- und Wärmeverhältnisse und eine weitgehend selbständige Ernährung mit im Garten wachsenden Kräutern. Heute weiß man aber, dass eine kurzgemähte Wiese sicher kein geeigneter Ort des Aufenthalts für Schildkröten ist.

Auf solchen Flächen haben die Tiere keinerlei Möglichkeit zum Aufsuchen von Versteckmöglichkeiten, sie laufen oft unter Stress umher und hoffen in Ecken der Gehegebegrenzung auf Schutz. Der durch offenes Gelände fehlende Schutz bedeutet für eine Landschildkröte instinktiv Lebensgefahr, z. B. durch Feinde, und verursacht Stress. Wenn sich mehrere Tiere auf einer ebenen Fläche aufhalten, können sie sich ständig sehen.

Das wiederum bedeutet:
Infolge eines arttypischen Verhaltensmusters gehen sie sich nicht aus dem Wege und bedrängen sich trotz einer großen Fläche gegenseitig.
Daher lehne ich die gerade in neuerschienenen Büchern oft vertretene Auffassung ab, 'Wiesenhaltung' sei eine durchaus sinnvolle Haltungsart.

Bilder, die Schildkröten als dauerhaft auf einer kurzgemähten Wiese ohne Steine oder Pflanzen etc. lebend zeigen, führen den Schildkrötenfreund in die Irre. Viele Halter setzen die Tiere außerhalb eines durchaus kundig und tierlieb angelegten Geheges auf die Wiese, weil sie in guter Absicht der Meinung sind, auch Schildkröten müsse man ab und zu möglichst unbegrenzten Freiraum zur Nahrungssuche und Bewegung bieten.

Das schnelle und aktive Fortbewegen der Tiere wird vom Halter als Ausdruck von Freude angesehen. Tatsächlich bedeutet dieser Vorgang puren Stress für die Tiere, nämlich eine natürliche Fluchreaktion vor erwarteter Gefahr.

Für das Tier stellt sich die Situation nämlich folgendermaßen dar:

Es wird plötzlich vom Boden angehoben, von der vertrauten Umgebung weg durch den Garten getragen und in ein offenes Gelände gesetzt. In seiner Wahrnehmung unterliegt das Tier jetzt jederzeit der Gefahr, von Fressfeinden angegriffen zu werden. Außerdem kann es weglaufen, nicht wieder auffindbar sein, keinen für es so wichtigen Schutz finden. Im schlimmsten Fall wird es übersehen und zertreten oder läuft aus dem Garten auf die Straße und wird überfahren.

Daher bleiben meine Tiere stets in großflächigen, artgerecht strukturierten und sicher eingefassten Gehegen. Sie werden nur zu Gesundheitskontrollen vorsichtig mit beiden Händen vom Boden aufgenommen.

Schildkröten auf der Wiese

Die Tiere werden vom eigentlichen Gehege in eine Plastikkiste gesetzt und dann auf eine kurzgemähte Wiese getragen. Sie reagieren auf das Herausnehmen aus dem eigentlichen Gehege mit Stress.
Diese Abbildung zeigt also das Gegenteil artgerechter Haltung.

VI

FREILAND-GEHEGE FÜR LANDSCHILD-KRÖTEN

Freilandgehege des Verfassers

Die bisher genannten Haltungsformen (Terrarium, Fußboden, Balkon, Wiese) überzeugen mich nicht, da ich sie als Dauerlösung für nicht artgerecht halte. Daher möchte ich Ihnen meine Gehege für Europäischen Landschildkröten vorstellen, die – wie ich finde – naturnah gestaltet sind und deswegen diesen Wildtieren ein weitgehend artgerechtes Leben auch in Gefangenschaft bieten.

Je Gehege lebt nur eine Gruppe der gleichen Art bzw. Unterart zusammen. Das Geschlechtsverhältnis bei adulten (geschlechtsreifen) Tieren von 1:2 bzw. 1:3 wird eingehalten, dass heißt: Pro Männchen sollten 2 oder besser 3 Weibchen in einem Gehege zusammenleben. Eine – auch nur kurzfristige – Trennung der Geschlechter ist bei meinen Tieren nicht notwenig, da sie genügend Rückzugsmöglichkeiten und Verstecke haben.
Zwar beißen sich die Tiere auch einmal während der Paarungszeit, sie verletzen sich jedoch nicht ernsthaft.

Strukturiertes Freilandgehege des Verfassers

Ausreichend unterschiedliche Futterauswahl bietet auch in menschlicher Obhut ein naturnahes Leben.

Neben Anzahl und Geschlecht achte ich auch auf die Panzergröße bzw. das Alter der Tiere, um eine homogene Gruppe zu erhalten. Jungtiere und Schlüpflinge sollten keinesfalls mit adulten Tiere gemeinsam gehalten werden, sondern in einem kleineren und besonders geschützten Gehege (vgl. Kap. *Haltung und Aufzucht von Schlüpflingen und Jungtieren*). Meine Gehegeanlagen sind gezielt auf eine reine Selbstversorgung ausgerichtet, d. h., die Tiere leben dort sehr eigenständig: Meine Schildkröten wählen sich unter einem reichhaltigen Angebot an Pflanzen, mit denen ich das Gehege zuvor ausgestattet habe, ihr Futter selbst. So kann ich mir sicher sein, dass die Tiere abwechslungsreich ernährt werden, ohne dass ich als Halter dieses Fressverhalten negativ beeinflusse – zu Letzterem mehr im nächsten Kapitel. Ich vertrete konsequent das Konzept der Selbstversorgung. Deswegen ist es besonders wichtig, dass die Gehegeflächen groß genug sind. Nur so kann stets für nachwachsende Futterpflanzen in genügender Vielfalt und Menge gesorgt werden.

Größe der Gehege

Um die notwendige Futterversorgung in einem Gehege für beispielsweise vier adulte Griechische Landschildkröten sicherzustellen, ist nach meiner Erfahrung eine Gehegefläche von etwa 7 x 7 Meter notwendig. Meine Faustformel: pro Tier 10 m^2. Denken sie aber daran, dass jede Schildkröte mindestens einen Artgenossen in ihrer Nähe braucht.

Die hier vorgeschlagene Größe der Gehegefläche mag zwar zunächst übertrieben wirken. Führt man sich allerdings vor Augen, dass eine naturnahe Haltung nur bei einem mehr als eben nur ausreichenden Platzangebot möglich ist, sollte man das Gehege so groß anlegen, wie es die Umstände erlauben. Ein Schildkrötengehege ist eine Art Steingarten – nach dessen liebevoller Gestaltung wünscht sich mancher Gartenbesitzer eben auch, ihn größer geplant zu haben. Meine Gehege unterschreiten nie eine bestimmte Größe: Für eine meiner Gruppen der Maurischen Landschildkröten (1 Männchen, 2 Weibchen) habe ich ca. 75 m^2 strukturierte Gehegefläche angelegt. Für die Haltung ist dies sicher mehr als ausreichend, verglichen mit der Natur aber eher eine kleine Einfriedung.

Mir ist bewusst, dass meine Anforderungen an die Gehegegröße sehr hoch sind. Steht Ihnen nur ein vergleichsweise kleines Gartenstück für Ihre Tiere zur Verfügung, nutzen Sie im Interesse der Schildkröten möglichst viel Fläche für ein strukturiertes Gehege.

Standort der Gehege

Wählen Sie am besten den Bereich des Gartens aus, der bereits frühmorgens besonnt wird. Wenn Sie die Auswahl haben zwischen einem Gehege, welches von morgens bis nachmittags in einer sonnigen Lage liegt oder einer anderen Fläche, die erst gegen Mittag, dafür aber bis spätabends beschienen wird, würde ich immer die Variante bevorzugen, die möglichst früh am Morgen in der Sonne liegt, damit die Tiere bereits zu Tagesbeginn aktiv werden können. Wenn an heißen Sommertagen die Sonne morgens kräftig scheint, konnte ich schon oft gegen 7 Uhr Schildkröten aus den Schutzhäusern (Frühbeete, Gewächshäuser) kommen sehen, um im Gehege zu fressen.

In anderen Gehegen, die erst eine Stunde später beschienen werden, halten sich die Tiere noch im Laub versteckt und sind auch erst ca. 1 Stunde später im Gehege umhergelaufen.
Je früher die Tiere Aktivität aufnehmen, d. h. ihren Stoffwechsel aktivieren, desto natürlicher leben sie – frei nach einem bekannten Sprichwort: „Der frühe Vogel fängt den Wurm."

Für Schildkröten gilt: „Wer früher frisst, bleibt länger fit!"

Nehmen Sie sich doch einmal die Zeit, den Sonnenverlauf im geplanten Gehege bzw. im Garten genauer zu betrachten.
Beachten Sie auch saisonale Änderungen, wie z. B. den Sonnenstand oder auch das Vorhandensein von Laub an den Sträuchern etc.

Gehegestandort

- Die Wahl des Gehegestandortes sollte genauestens überlegt werden!
- Gehege sollten so wenig wie möglich im Schatten von Häusern oder Bäumen liegen.
- Frühbeete oder Gewächshäuser sollten möglichst gar nicht im Schatten liegen.

Bedingungen naturnaher Freilandhaltung

Für meine Europäischen Landschildkröten habe ich Gehege gebaut, die folgende Lebensbedingungen schaffen.

Diese erachte ich unter dem Gebot naturnaher Haltung für absolut notwendig:

- Frühbeete oder Gewächshäuser als Schutzhaus mit Wärmelampen und Heizmöglichkeiten,
- vielfältige Futterpflanzen,
- ungiftige schattenspendende und schutzbietende Pflanzen,
- Strukturierung durch große Steine, Steinplatten, Wurzelholz, Holzstämme, niedrige Trockensteinmauern im Gehege etc.,
- Wasser- und Badeschalen im Schutzhaus und im Außenbereich,
- abwechselnd steiniger und erdiger Untergrund,
- Versteckmöglichkeiten (Pflanzen, Laub, hohlräumige Wurzeln, Höhlen etc.),
- Eiablagemöglichkeit (an einem sonnigen Platz über einer Vertiefung von ca. 25 cm locker aufgeschüttete Erde auf einer Fläche von ca. 1 m^2 und einer Höhe von wenigen cm),
- Wege mit geschotterten Kalksteinen, auf denen der Halter sicher durch das Gehege laufen kann,
- Stabile, ausbruchsichere und blickdichte Einfriedung (zu Letzterem vgl. vorheriges Kapitel).

Frühbeet, Foto: A. Krieger

Sicher möchte nicht jeder Schildkrötenhalter ein Gewächshaus speziell für Landschildkröten in den Garten stellen. In diesem Falle sollte man auf die etwas kleinere Variante zurückgreifen und ein stabiles Frühbeet wählen. Das Schutzhaus benötigt immer eine Tür. Diese muss tagsüber immer offen stehen, damit die Tiere ggf. einen kühlen Aufenthaltsort im Gehege wählen können. Nachts sollte die Tür geschlossen bleiben, um sie vor Fressfeinden, z. B. Mader oder Ratten, zu schützen.

Pavillon

Bau u. Foto: S. Vogt/G. Vogt

Neben Gewächshäusern werden auch eigens gebaute Pavillons als großräumige Schutzhäuser für Schildkröten genutzt.

Babys im Frühbeetkasten

Jungtiere der Maurischen Landschildkröte wärmen sich unter einer Strahlerbirne (auch Wärme-, Reflektorlampe oder Spotstrahler genannt) im Frühbeet. Die notwendige technische Ausstattung vorausgesetzt, können Landschildkröten auch in unseren Breiten im Gehege dauerhaft aktiv leben. Eine Wärmelampe wird tagsüber von ca. 9-16 Uhr bei Außentemperaturen unter ca. 20 °C durch eine Außenbereich-Zeitschaltuhr eingeschaltet, um im Kernbereich des Strahlers eine Temperatur von ca. 35-40°C sicherzustellen. Geeignete Messinstrumente sind geeichte Digitalthermometer mit externem Fühler oder Laserthermometer. Die Tiere müssen jederzeit die Möglichkeit haben, von der Wärmequelle weg ins angrenzende Freigehege zu gelangen.

Gestaltung durch Futterpflanzen

Für die Selbstversorgung der Tiere sollten unbedingt möglichst viele unterschiedliche Futterpflanze angepflanzt werden.
Kalkschotter verdrängt Gras und fördert so das Wachstum von Wildkräutern, der für Schildkröten entscheiden den Futterquelle. Gras ist als Futter ungeeignet.

Gestaltung durch Sträucher

Versteckmöglichkeiten sind für die Tiere sehr wichtig.

Gestaltung durch Holz 1

Eine Maurische Landschildkröte fühlt sich in einem mit Futter-, Versteckpflanzen, Steinen und teilweise mit Baumstämmen ausgestatteten Gehege wohl.

Gestaltung durch Holz 2

Ausgehöhlte Baumstämme bieten Schutz.

Gestaltung durch große Steine

Natursteine schaffen ein mediterranes Flair.

Gestaltung durch Kalkschotter 1

Geschotterte Wege sorgen für ein sicheres Betreten des Geheges durch den Halter. Versteckte Tiere werden so nicht versehendlich gefährdet.

Gestaltung durch Kalkschotter 2

Teils steiniger Untergrund, Kalksteine Ø 1-16 mm, sorgt für die natürliche Abnutzung der Krallen.
Staunässe kann durch das Abfließen von Regenwasser verhindert werden. Die Steine wärmen sich in der Sonne schnell auf und bieten einen behaglichen Ruheplatz (vgl. WEGEHAUPT 2006).

Gestaltung durch Eiablageplätze

Im Gehege sollte mindestens eine geeignete Legestelle vorhanden sein, die von der Sonne bereits frühmorgens beschienen wird.

Gestaltung durch Wasserstellen

Die ständige Verfügbarkeit von sauberem Wasser ist für alle Landschildkröten sehr wichtig. Damit die Schale leicht erreichbar ist, sollte sie flach und ohne hohen Rand sein. Der Zugang kann mit flachen Steinen ermöglicht werden. Um die Verschmutzung des Wassers so gering wie möglich zu halten, muss von einem Aufschütten von Erde bis zum Rand des Behältnisses oder vom Eingraben abgeraten werden. Das Wasser muss täglich ggf. mehrfach gewechselt werden. Noch ein Hinweis: Schildkröten halten beim Trinken den Kopf häufig länger unter Wasser. Das ist ganz natürlich und bedeutet keine Gefahr. Ziehen Sie die Tiere also nicht an Land!

Umrandungsgestaltung 1

Ausführung einer Gehegebegrenzung mit Beton-Pflanzringen. Die teils grobe Struktur dieser Gehegeumrandung bietet Tieren die Chance, sie zu überklettern! Achten Sie deswegen bei dieser Möglichkeit der Gehegebegrenzung auf genügend Höhe (ca. doppelte Panzerlänge). Die Kalksteine am Boden verhindern ein Zuwuchern durch Pflanzen, sodass die Tiere diese nicht als Ausbruchhilfe nutzen können.

Umrandungsgestaltung 2

Große, sicher verbaute Steine wirken sehr natürlich. Kleine Spalte und Lücken müssen durch passende Steine verschlossen und möglichst glatte Seitenwände geschaffen werden.

Umrandungsgestaltung 3

Gehegeumrandungen mit Klinkersteinen (vorne links), Betonmauer (hinten links) und Hauswand sorgen für ein ausbruchsicheres Gehege. Die Klinker sind zusätzlich von oben durch überragende Platten gegen ein Überklettern geschützt.

Umrandungsgestaltung 4

Eine Umrandung, die nicht hoch genug angelegt wurde, ermöglicht einen Ausbruchsversuch:
Die Tiere dürfen mit ihren Vorderbeinen nicht die Oberkante der Gehegeumrandung erreichen können. Sonst ziehen sie sich dank der starken Muskeln über das Hindernis!

Hinweise zum Bau eines Schildkrötengeheges

Auf meiner Homepage (www.schildkroetenfreund.de) finden Sie eine Anleitung zum Bau eines Freigeheges mit integriertem Frühbeet in allen Einzelheiten, auch solchen der technischen Ausstattung des Geheges, wie z. B. Wärmelampen und andere Heizmöglichkeiten.

Nachfolgend sehen Sie aber bereits grundlegend wichtige Tipps zur Errichtung eines Geheges:

- Suchen Sie die Fläche des gesamten Geheges aus (möglichst sonniger Platz, viel Morgensonne).
- Entfernen Sie vorhandenen Rasen im Gehege komplett.
- Stellen Sie das Frühbeet oder Gewächshaus auf.
- Gestalten Sie eine naturnahe Struktur des Geheges durch Hügel, große Steine und Erdwälle.
- Legen Sie eine ausbruchsichere Einfriedung des Geheges an.
- Bringen Sie Futterpflanzen und Gehegepflanzen ein (durch Einsetzen und/oder Aussäen).
- Nutzen Sie unbepflanzte Stellen des Geheges als Wege und schottern Sie diese mit Kalksteinen auf.
- Setzen Sie Wasserschalen ins Gehege.
- Überführen Sie Ihre Tiere erst dann ins Gehege, wenn Sie alle Arbeiten (Frühbeetbau, Montage der Elektrik, sichere Umrandung, Bepflanzung) erledigt haben.

Hier zeige ich anhand von 2 'Vorher-Nachher-Fotos' zunächst ein völlig unstrukturiertes Gehege nur mit einem Frühbeet auf einer ebenen Rasenfläche. Das folgende Foto zeigt das gleiche Gehege, für 3 ausgewachsene Griechische Landschildkröten, *aber* ausgestaltet mit Pflanzen, Steinen u. v. a. m.

Haltung in nicht strukturierter Umgebung

Rasengrundstücke sind als Gehegefläche für Europäische Landschildkröten ungeeignet. Der Rasen ist häufig zu nass und zu kalt. Die Tiere bewegen sich ständig auf einer ebenen Fläche und finden kaum Versteckmöglichkeiten vor.

Haltung in strukturierter Umgebung

Erst eine Strukturierung (des gleichen Geheges) durch Futterpflanzen, Steine, Erdwälle und Wurzeln ermöglichen ein artgerechtes abwechslungsreiches Leben in menschlicher Obhut.

Hinweise zum Bau eines Frühbeets:

Wie Sie aus der vorangegangenen Darstellung ersehen konnten, ist die Schildkrötenhaltung, wenn wir an unseren Tieren Freude haben wollen, mit einem gewissen Aufwand verbunden.
Insbesondere bedarf es beim Bau des Schutzhauses der Sorgfalt und durchaus auch handwerklichen Geschicks. Bitte ziehen Sie im Zweifel einen Fachmann zu Rate. Sie können Frühbeete und Gewächshäuser auch fertig kaufen.
Nachfolgend sehen Sie, ähnlich wie zuvor in diesem Kapitel zum Thema Gehegebau, wichtige Tipps zur Errichtung eines Frühbeets:

- Suchen Sie die Fläche des gesamten Geheges aus und legen Sie den Platz für das Schutzhaus fest.
- Heben Sie je nach Größe des Frühbeets eine Fläche von 1-2 m^2 in einer Tiefe von ca. 20 cm aus.
- Auf diese Grundfläche legen Sie engmaschigen Draht oder Steinplatten. Das soll Ihre Tiere vor Feinden (Mäusen, Ratten etc.) schützen.
- Legen Sie die Stromzufuhr (Erdkabel) für die Wärmeversorgung.
- Setzen Sie so genannte Rasenstellkanten, also Randsteine aus Beton mit gerader Oberfläche, als Fundament für das noch aufzustellende Schutzhaus.
- Isolieren Sie die Randsteine mit Dämmmaterial.
- Verlegen Sie an den Außenseiten Drainagerohre.
- Füllen Sie das Ganze mit lockerer Erde auf.
- Stellen Sie jetzt das Frühbeet auf.
- Lassen Sie die Technik (Lampen, Heizung) *nur* durch einen Fachmann installieren.
- Montieren Sie Fensterheber, damit eine Überhitzung des Frühbeets verhindert wird.

Gehegeunterbau

Der Unterbau des Frühbeets wird mit Randsteinen erstellt.

Heizmatte

Sollen die Tiere auch den Winter im Schutzhaus verbringen, ist eine Heizvorrichtung notwendig, um Minustemperaturen im Schutzhaus während der Winterstarre zu verhindern. Dazu befestigen Sie die Heizmatte innen an einer Wand des Schutzhauses und schalten das Thermostat an. Graben Sie die Heizmatte jedoch nicht in die Erde ein – davon wachen die Tiere auf – bringen Sie sie statt dessen sicher im Frühbeet an. Ich empfehle die Heizmatte „ThermoLux" der Firma AccuLux aus Murrhardt in Baden-Württemberg.

Wärmelampe

Im Schutzhaus ist die Installation der Wärmelampen durch einen Fachmann auszuführen! Bei vielen oder größeren Tieren sind Halogenstrahler besser geeignet als kleinere Wärmespots.

Fensteröffner

Durch Sonneneinstrahlung können im verschlossenen Frühbeet Temperaturen von weit über 60 °C erreicht werden! Ein Fensteröffner verhindert ein zu starkes Überhitzen des Schutzhauses und der Tiere.

Inhalt des Frühbeets

Die gleiche Sorgfalt, die Sie beim Anlegen des Freigeheges aufgewandt haben, sollten Sie auch beim 'Innenausbau' eines Frühbeets walten lassen:

- ungedüngte Gartenerde,
- Steine als Kletter- und Versteckmöglichkeiten,
- Bereich mit angefeuchtetem Sphagnum-Moos oder Laub,
- Trinkschale,
- Wärmelampe,
- Schaffung einer leichten Erhöhung unter der Wärmelampe (Erdreich oder Steine), damit auf den Rücken gefallene Tiere sich stets von der Wärmequelle wegdrehen können,
- nur für kleinere Tiere in die Erde eingesetzte Futterpflanzen – größere Schildkröten fressen den Pflanzenbewuchs der im Vergleich zum Freigehege sehr kleinen Fläche schnell komplett auf,
- Durchgang ins Freigehege, der tagsüber geöffnet und nachts sicher verschlossen werden kann.

Klimazonen des Frühbeets

Innerhalb dieses Schutzhauses müssen klimatisch unterschiedliche Bereiche geschaffen werden, damit die Tiere jederzeit den für sie besten Aufenthalt wählen können:

- Schlafbereich: kühl, leicht feucht, dunkel,
- Wärmebereich: sehr warmer und heller Platz unter der Wärmelampe,
- Umgebungsbedingungen: tagsüber feucht-warme Umgebung, die sich durch wasserspeichernde Futterpflanzen in feuchter Erde bei gleichzeitiger Wärmeeinstrahlung schaffen lässt.

Frühbeet und Gewächshaus

Manche Schildkrötenfreunde bauen ihren Lieblingen stattdessen ein Gewächshaus – der auf der Hand liegende Vorteil: Es bietet mehr Platz für die Schildkröten und ist außerdem für den Halter problemlos begehbar.

Schaffen Sie Ihren Tieren auch hier solche Lebensbedingungen, wie sie zuvor im Zusammenhang mit Frühbeeten dargestellt wurden.

Innenansicht eines Schildkröten-Frühbeetes mit Wärmestrahler

Foto: A. Krieger

Versteck- und Schlafmöglichkeiten, Wasserschale, Futterpflanzen und geeignetes Substrat

VII

NATURNAHE ERNÄHRUNG DURCH FUTTERPFLANZEN

Die richtige Ernährung von Landschildkröten ist von besonderer Bedeutung.

Foto: M. Hauff

Pflanzenschmuck

Geeignete Pflanzen verschönern das Schildkrötengehege.

Die Ernährung von Landschildkröten hat großen Einfluss auf den Gesundheitszustand der Tiere und nimmt daher einen hohen Stellenwert in meiner Schildkrötenhaltung ein.

Gerade beim Futter können sehr viele Fehler begangen werden, wie sich z. B. beim so genannten Papageienschnabel zeigt. Dies ist eine durch mangelnde Beanspruchung bedingte Verwachsung der Hornscheiden am Kiefer der Schildkröte, welche das Tier dauerhaft und u. U. erheblich bei der Nahrungsaufnahme beeinträchtigt.
Für diese Fehlbildung ist unter anderem zu weiches und breiiges Futter verantwortlich.
Auch ein zu schnelles Panzerwachstum ist häufig auf ein ungeeignetes Futter oder übertriebene Fütterung durch den Halter zurückzuführen.

Im Folgenden möchte ich Ihnen in Form vieler kommentierter Abbildungen von Futterpflanzen wichtige und interessante Informationen zu einer so weit als irgend möglich naturnahen Ernährung zur Verfügung stellen. Ich gebe außerdem Tipps zur Aussaat des Futters und stelle auch Pflanzen vor, die *nicht* als Nahrung für Schildkröten geeignet sind (Giftpflanzen).

Die Ernährung unserer Tiere sollte vor allem eines sein, nämlich abwechslungsreich. Nur so sind zusätzliche Vitamingaben in Form von Pulver oder Tropfen überflüssig, die, durch den Halter in falscher Dosierung hinzugefügt, sogar schädlich sein können. Führt man sich das natürliche Vorkommensgebiet (Habitat) Europäischer Landschildkröten vor Augen, wird sofort klar: Obst, kultivierter Salat und Gemüse gehören nicht zum natürlichen Futterangebot! Der Darm der Tiere kann dieses zu weiche Futter nicht richtig verwerten. Oft wird zudem die Darmflora gestört. Selbst die nur wöchentliche Fütterung mit Obst, Salat und Gemüse macht dies keinesfalls besser! Dr. DENNERT (2001) beschreibt, dass durch die vermehrte Fütterung mit Obst ein gestörtes Gleichgewicht der Mikroorganismen im Darm entsteht, welches schwer stillbare Durchfälle verursacht. Dr. KÖLLE (2002) macht Fehlgärungen aufgrund der Fütterung von Obst wegen des hohen Zuckergehaltes für Verdauungsstörungen verantwortlich.

Sehr problematisch ist zudem die Tatsache, dass Landschildkröten in Gefangenschaft nicht unbedingt die für sie ungesunde Nahrung erkennen. So werden Tomaten, Salat und Gemüse von den Tieren durchaus mit Genuss gefressen, sind aber leider dennoch schädlich! Also müssen wir uns als verantwortungsbewusste Halter Gedanken über die optimale Ernährung machen und die Tiere artgerecht füttern.

Junge Landschildkröte in ihrem natürlichen Habitat auf Sardinien

Im Frühjahr haben die Tiere noch reichlich Futterauswahl.

- Größe,
- Alter,
- Art,
- Geschlecht,
- Aktivität der Tiere (z. B. im Frühjahr)

Beim Wort „füttern" stellt sich sofort die Frage, wie viel Futter die Tiere am Tag benötigen. Dies ist vor allem abhängig von vielen Variablen (vgl. Abb.).
Deswegen lässt sich selbst eine nur ungefähre Futtermenge, z. B. eine gewisse Anzahl *Löwenzahn-Blätter* pro Tag, nicht angeben.

In ihrem natürlichen Habitat fressen Schildkröten je nach Bedarf. Dieses Verhalten sollte der Halter kennen und beachten. Die beste Möglichkeit, die Tiere mit Futter zu versorgen, ist, sie in ihrem mit einem reichhaltigen Angebot an Futterpflanzen strukturierten Gehege Art und Menge ihres Futters selbst wählen zu lassen. Dann ist nicht nur die Futtermenge optimal, sondern auch Zusammensetzung und Anteil der unterschiedlichen Kräuter. Schildkröten fressen nicht auf einmal komplette Pflanzen, sondern nehmen über den ganzen Tag verteilt nur kleine Teile davon auf.
Um eine möglichst natürliche Ernährung sicherzustellen, empfehle ich, spezielle Saatmischungen, z. B. Wildkräuter, für Futterpflanzen im Frühjahr und Herbst (bester Zeitpunkt), auszubringen. Wenn Sie größere oder viele Tiere halten und besonders bei einer Gehege-Neugestaltung, ist es zudem notwendig, stets in Saatschalen vorzusäen.

Selbständige Futtersuche im Gehege

Eine Selbstversorgung der Tiere ist gegeben.

Selbständige Futteraufnahme im Gehege

Durch ein gezieltes Aussuchen der einzelnen Kräuter durch das Tier selbst wird die optimale Futtermenge aufgenommen.

Beispiel für *falsche* Ernährung: Halter greift in die Futterversorgung ein

Bei der Fütterung durch den Halter wird unabhängig vom Bedürfnis auch eine große Futtermenge schnell gefressen. Aus Sicht der Schildkröte könnte ja schließlich dieses Futter das letzte sein. Aber auch aus 'Futterneid' bei mehreren Tieren an der gleichen Futterstelle fressen die Tiere alles sofort auf.

Setzen Sie nur größeren Pflanzen ins Gehege um, da Keimlinge besonders gerne gefressen werden und deswegen bald nicht mehr genug Futter im Gehege vorhanden sein könnte. Für die Ansaat errichte ich über einem Teil der Grundfläche des Schildkröten-Frühbeets, z. B. mittels Klinkersteinen und Brettern, eine zweite Ebene. Auf diesem Pflanztisch im Frühbeet erhalten die Keimlinge genug Licht und Wärme. So können sie bei regelmäßigem Gießen gut wachsen. Die im unteren Bereich gelegene Stelle (aufgefüllt mit Laub) nutzen meine Tiere als Schlafplatz.

Frühbeet mit Pflanztisch

Durch das Einbauen einer zweiten Ebene im Frühbeet können dort in Schalen ausgesäte Futterpflanzen besonders gut wachsen.
Den unteren Bereich nutzen die Tiere als Schlafmöglichkeit.

Wildkräuter sind als Nahrung für Schildkröten ganz besonders gut geeignet.
Diesen Sachverhalt begründet WEGEHAUPT (2006) so: „Rohfaserreiches Futter ist als Nahrungsgrundlage für Darmparasiten und Würmer ungeeignet, hemmt dadurch deren Entwicklung und bewirkt deren Austreibung mit dem Kot."

Futterangebot in Habitat und Gehege

Nach dem Erwachen aus der Winterstarre finden Europäische Landschildkröten in ihrem Ursprungshabitat sehr gehaltvolle, nahrhafte Futterpflanzen und Blüten vor. Wenige Wochen später, wenn die Niederschläge nachlassen, die Sonne länger und kräftiger scheint, verdorrt die Pflanzenwelt immer mehr und die Tiere versorgen sich jetzt natürlicherweise mit vertrockneten Pflanzen (vgl. WEGEHAUPT 2006). Mit den ersten Regentagen im Spätsommer bzw. Herbst keimen die Samen und die Vegetation wächst erneut.
Da bei uns im Sommer derartig anhaltende Trockenperioden wie in Griechenland ausbleiben, vertrocknen Futterpflanzen bei uns im Vergleich zu denen im natürlichen Habitat nicht vollständig. Dadurch bleiben sie für eine gesunde Ernährung von Schildkröten viel zu gehaltvoll.
Um diesem Nahrungsüberangebot abzuhelfen, schneide ich ausgewachsene Futterpflanzen ab und trockne sie.
Beachten Sie bitte: Diese Trockenpflanzen dürfen nur im Frühbeet verwendet werden, weil sie nur hier, anders als im Freigehege, vor Feuchtigkeit (Schimmelbildung!) geschützt werden können.

Die Verfügbarkeit von getrocknetem Futter ist wichtig, weil faserige Kost die Verdauung gut unterstützt. Dieses Heu, welches als Futter sehr gerne angenommen wird, bietet zudem im Frühbeet als Versteck- oder Schlafmöglichkeit zusätzlichen Schutz und eignet sich als Ruheplatz. Bitte kontrollieren Sie das Heu aber stets auf etwaige Schimmelbildung, die durch das notwendige Befeuchten des Substrats im Frühbeet auftreten kann.
Als Alternative zum Selbstanbau von Kräuterheu empfehle ich den Einsatz von AGROBS-Mischungen. Unter der Marke „Pre Alpin Testudo" bietet der Hersteller aus Degerndorf am Starnberger See verschiedene Kräuterheu-Mischungen für Pferde und Kleintiere an. Die gepressten und vor der Fütterung befeuchteten Heucobs oder die losen Kräuter werden von Landschildkröten gerne gefressen.

Wie bereits erwähnt, sind zusätzliche Vitamingaben (Pulver oder Tropfen) bei solch einer Ernährung nicht notwendig bzw. sogar eher aufgrund möglicher Überdosierung schädlich.
Die einzige Futterzugabe außer Kräuterheu, die ich meinen Tieren anbiete, ist Kalk in Form von Sepiaschale (vgl. Abb.), erhältlich im Tierbedarfshandel. Hieran können die Tiere selbstständig ihren Kalzium- und Mineralbedarf decken und zudem die Hornscheiden natürlich abnutzen.

Schildkröte nagt an Sepiaschale.

Sie dient als Kalklieferant und hilft, die Hornscheiden auf natürliche Weise abzunutzen.

Futterlieferanten

Da es aus verschiedenen Gründen vorkommen kann, dass ein Schildkrötenhalter nicht ausreichend Futterpflanzen für seine Tiere zur Verfügung hat (z. B. im zeitigen Frühjahr, bei Komplettneugestaltung eines Geheges nach Umzug) kann es nötig sein, Futter von anderer Stelle zu nehmen.
Einige Gärtnereien bieten an, spezielle Pflanzen, z. B. Wildkräuter oder andere Futterpflanzen, die nicht chemisch behandelt werden, auszusäen und zu kultivieren. Besonders bei vielen Tieren lohnt sich dies. Aber vielleicht schließen sich auch einige Schildkrötenfreunde zusammen, die gemeinsam einen solchen Auftrag erteilen.

Weitere für Schildkröten geeignete Pflanzen, die auf den nächsten Seiten aufgeführt werden, erhalten Sie beispielsweise in Gärtnereien, Baumschulen und Baumärkten. Bitte bedenken Sie, dass diese Pflanzen gegen Schädlinge behandelt sein könnten. Daher kaufe ich solche Pflanzen im Herbst und setze diese erst in die Gehege, wenn die Schildkröten winterstarrebedingt nicht mehr durch den Garten laufen. Bis zum nächsten Frühjahr sollten alle Giftstoffe aus den Pflanzen heraus sein.

Auch im eigenen Garten achte ich darauf, keinen Dünger oder ähnliche Fremdstoffe bei Futterpflanzen einzusetzen. Nicht nur aus Rücksichtnahme auf die Pflanzen (einige vertragen keinen zusätzlichen Dünger), auch für Landschildkröten sind schädliche oder belastende Rückstände in deren Ernährung sicher nicht geeignet.
Viele Halter berichten mir, dass sie Kräuter im Feld sammeln. An dieser Stelle möchte ich nur kurz vor so genannten Hundewiesen und vor durch Bauern gedüngte Flächen warnen.
Ebenso sind Freiflächen an stark befahrenen Straßen, Eisenbahntrassen oder sogar chemischen Anlagen meist durch Ablagerungen (Bremsstaub, Ruß und ähnliche Kontaminationen) oft extrem belastet. Möchte man Pflanzen für seine Tiere sammeln, sollte man Kräuter von ungedüngten Feldern wählen. Fragen Sie ggf. den Landwirt um Erlaubnis. Belassen Sie geschützte Pflanzen immer an ihrem Standort!

Futterpflanze am Straßenrand

Die Wegwarte *(Cichorium intybus)* wäre eigentlich als Schildkrötenfutter geeignet.

Bitte verfüttern Sie wegen möglicher starker Belastung keine Pflanzen, die z. B. in Straßennähe wachsen.

Tierische oder pflanzliche Ernährung

In ihrem natürlichen Habitat fressen Schildkröten gelegentlich durchaus auch Schnecken, Regenwürmer etc. Deswegen verwenden manche Halter carnivore 'Nahrungsergänzung', z. B. in Form von Katzenfutter, Hundefutter oder sogar Hackfleisch. Der Einsatz tierischer Nahrung bei Europäischen Landschildkröten ist unter Fachleuten stark umstritten. Die zusätzliche Gabe von Schnecken, Regenwürmern u. Ä. wird von der Mehrzahl der Experten als relativ unbedenklich bzw. notwendig angesehen. Die Fütterung mit regelrecht für den Menschen vorgesehener tierischer Nahrung gilt hingegen als äußerst problematisch.

M. E. muss auch hier das meiner eigenen Schildkrötenhaltung und diesem Buch zugrunde gelegte Prinzip gelten:
„Naturnähe – immer, und so weit als möglich!"
Deswegen meine ich: Grundsätzlich sollte zusätzlich kein tierisches Eiweiß verfüttert werden. Finden die Tiere jedoch einmal zufällig einen Regenwurm oder eine Schnecke im Gehege vor, sollten die Tiere selbst entscheiden können, ob sie dies fressen wollen oder nicht.

Futterpausen

Vergleicht man Futterpflanzen im natürlichen Habitat mit dem Angebot im heimischen Garten, gibt es einen wichtigen Unterschied: In unseren Regionen gedeihen Pflanzen, die als Schildkrötenfutter in Frage kommen, sehr viel schneller, weil sie anders als etwa in Griechenland (noch) keinen wirklich lang anhaltenden Trockenperioden ausgesetzt sind. Das wiederum bedeutet: Der Nährwert liegt bei Futterpflanzen in unserem Gehege deutlich über dem der Pflanzen im natürlichen Habitat. Daher kann auch bei einer ausschließlichen Ernährung mit Wildkräutern eine Überfütterung in Gefangenschaft eintreten. Die häufigen Folgen sind zu schnelles Panzerwachstum und Organschäden. Dies tritt vor allem bei einer Fütterung im Terrarium auf. Deswegen schlage ich einen 'Fastentag' in der Woche vor. Dies bedeutet, dass bei einer reduzierten oder ganz ausbleibenden Frischfutterversorgung gleichzeitig auch die Zuführung von Wärme durch Strahlerlampen herabgesetzt werden muss. Denn es macht wenig Sinn, den Tieren bei kräftiger 'Besonnung' durch Wärmelampen plötzlich kein Futter mehr anzubieten. Dies wäre für die Tiere ein 'Hungertag'. Vertrocknete Kräuter und vor allem Wasser müssen auch während solcher Tage auf jeden Fall angeboten werden. In meiner Praxis hat es sich bewährt, nach einer Schönwetterzeit an einem kühleren Tag die Wärmelampen in den Schutzhäusern einmal ausgeschaltet zu lassen.

Für Europäische Landschildkröten geeignete Futter- und Gehegepflanzen

Damit Sie Ihren Tieren eine abwechslungsreiche Ernährung anbieten können, möchte ich Ihnen auf den nächsten Seiten viele Futter- und Gehegepflanzen im Bild und mit kurzen Erläuterungstexten vorstellen.
Generell gilt: Eine naturnahe Ernährung von Schildkröten kann nie durch nur einige wenige Arten von Futterpflanzen gewährleistet werden. Daher empfehle ich eine Gehegegestaltung mit vielen verschiedenen Pflanzenarten, um den Tieren eine möglichst große Auswahl zu ermöglichen.

Bild linke Seite unten:

Löwenzahn

(Taraxacum officinale)

Die bekannteste Futterpflanze für Europäische Landschildkröten ist der Löwenzahn.

Wegerich

(Plantago lanceolata)

Viele Wegerich-Arten, darunter Breitwegerich, Mittlerer Wegerich und Spitzwegerich, sind in meinen Gehegen ansässig.

Wilde Malve

(Malva sylvestris)

Diese Wilde Malve wurde in einem Schildkrötenhabitat in Italien aufgenommen. Meine Tiere mögen die Blätter und Blüten sehr gerne.

Vogelmiere

(Stallaria media)

Sie wird im zeitigen Frühjahr gerne gefressen. Sobald der erste Schnee wegtaut, sind die Blätter und Blüten erkennbar.

Hauswurz

(Sempervivum spp.)

Fast zu schön zum Fressen: Hauswurz in verschiedenen Formen

Brombeere

(Rubus fruticosus)

Brombeerblätter sind vor allem im Frühjahr als zarte Triebe ein hervorragendes Futter.
Die Früchte sind jedoch nur für den Halter gedacht.

Walderdbeere

(Fraguria vesca)

Walderdbeerblätter sind gerade im Frühjahr beliebte Futterpflanzen.
Die Früchte sollten später allerdings *nicht* gezielt verfüttert werden.

Pimpinelle

(Sanguisorba minor)

Die Pimpinelle kann beinahe das ganze Jahr eingesetzt werden. Schon im Winter dient sie als Futter für winterwache oder kranke Tiere.

Stockrose

(Alcea rosea)

Stockrosen (Stockmalven) sind schöne Gehegepflanzen. Besonders die zarten Blätter und Blüten eignen sich als Futter für unsere Schilkröten. Der aufmerksame Halter gewinnt darüber hinaus den Eindruck, dass die Tiere diese Pflanzen gerne auch deswegen aufsuchen, weil sie sich an deren Farbreichtum erfreuen.

Nachtkerze

(Oenothera biennis)

Meine Lieblingspflanze in der Schildkrötenhaltung: die Nachtkerze. Bereits im ersten Jahr bildet sie eine Blattrosette, die viel Futter bietet. Im darauffolgenden Jahr entsteht die eigentliche, bis zu 2 m hohe Pflanze. Gegen Abend öffnen sich die einzelnen Blüten innerhalb weniger Sekunden. Anderen Tags werden die herabgefallenen Blüten von den Tieren sehr gerne gefressen.

Kompasslattich

(Lactuca serriola)

Der Kompasslattich richtet interessanterweise die 4 Hauptzweige exakt nach den Himmelsrichtungen aus.
Die Tiere klettern auch schon einmal an der Pflanze hoch, um an die Blätter zu gelangen.

Kürbis

(Cucurbita maxima)

Triebe von essbaren Kürbissen ist wertvolles Futter.
Kletterfreudige Schildkröten könnten jedoch die Ranken als 'Ausbruchshilfe' nutzen, wenn diese in der Nähe der Gehegebegrenzung wachsen.

Storchenschnabel

(Geranium spp.)

Der Storchenschnabel bietet eine hervorragende Versteckmöglichkeit, da er flächig heranwächst.
Meine Tiere nutzen diese Pflanze allerdings nicht als Futter.

Königskerze

(Verbascum spp.)

Die Königskerze bildet im ersten Jahr eine Blattrosette, die von meinen Schildkröten gelegentlich gefressen wird, unter der sie sich aber gerne verstecken. Im zweiten Jahr kommt eine bis zu 2 Meter hohe Pflanze zum Vorschein, die jetzt als Schattenpflanze dient.

Kapuzinerkresse

(Tropaeolum majus)

Die Kapuzinerkresse bildet lange Ranken, die sich im Gehege verteilen. Man sollte jedoch darauf achten, dass die Tiere keine Möglichkeit finden, über die Gehegeumrandung hinaus zu gelangen.

Moschusmalve

(Malva moschata)

Eine sehr blütenreiche Pflanze, deren Blätter im Frühjahr gerne gefressen werden. Im Sommer bietet die Pflanze zusätzliche Versteckmöglichkeiten im Gehege.

Roseneibisch

(Hibiscus syriacus)

Der Roseneibisch liefert hervorragendes Futter. Sowohl Blätter als auch Blüten werden gefressen.

Fetthenne

(Sedum 'Herbstfreude')

Die Fetthenne wird von Schildkröten 'ohne Sinn und Verstand' gefressen! Deswegen muss man die jungen Triebe vor den Tieren schützen. Dazu setze ich einen Beton-Pflanzring um die Pflanze. Gelegentlich breche ich Triebe der Pflanze ab und pflanze sie ins Schildkrötengehege, damit die Tiere diese statt der ganzen Pflanze fressen. Ist die Fetthenne größer geworden, kann der Schutz entfernt oder die Pflanze direkt ins Gehege gesetzt werden.

Taglilie

(Hemerocallis spp.)

Die lanzettenförmigen Blätter der Taglilie bieten eine schöne Versteckmöglichkeit im Gehege. Die Blüten werden sehr gerne gefressen.

Rose

(Rosa spp.)

Rosenblätter und Rosenblüten sind ein Blickfang in jedem Garten.
Als Futter und Gehegepflanzen kommen sie aber nur dann in Betracht, wenn sie unbehandelt (also ohne Chemie) geblieben sind.

Brennnessel

(Urtica urens)

Diese aus Nutzgärten zumeist unerbittlich ferngehaltene Pflanze stellt ein hervorragendes Schildkrötenfutter dar. Der naturkundige Gartenfreund weiß, dass die Brennnessel Schmetterlingen zur Eiablage dient. Die schnell wachsenden Triebe können jedoch überhandnehmen. Im Gehege sollte die Pflanze deswegen ein wenig abseits stehen. Getrocknete Blätter werden besonders gerne gefressen.

Funkie

(Hosta spp.)

Im Frühjahr schütze ich die frischen Triebe der Funkie vor dem Fressen. Später bietet sie wertvolles Futter und Versteckmöglichkeiten.

Lungenkraut

(Pulmonaria officinalis)

Die im Frühjahr noch zarten Blätter des Lungenkrauts werden sehr gerne gefressen. Später dienen sie nur noch als Versteckmöglichkeit.

Gänsekresse

(Arabis cancasica)

Viele Halter gestalten ihr Gehege teilweise als Steingarten. Dazu bietet die Gänsekresse einen besonders schönen Schmuck.
Sie eignet sich als Futter- und Versteckpflanze, sowohl für Schildkröten als auch für Eidechsen.

Frauenmantel

(Alchemilla spp.)

Der Frauenmantel wird von den Schildkröten als Versteckmöglichkeit genutzt.

Schafgarbe

(Archillea millefolium)

Die zarten Blätter der Schafgarbe werden nur im Frühjahr gefressen. Später dient diese Pflanze als blühende Gehegepflanze.

Feigenkaktus *(Opuntia spp.)*
und Agave *(Agave spp.)*

Die Blätter des Feigenkaktus (Opuntie, links) sowie dessen Blüten werden gerne gefressen.
Agaven (rechts) setze ich in Schalen in meine Gehege. Wie Schildkröten auch können sie im Keller überwintern.
Dieses Bild wurde auf Mallorca aufgenommen. Die Pflanzen sind auch in anderen Habitaten anzutreffen.

Yucca-Palme

(Yucca spp.),

Die Yucca-Palme ist eine sehr ansprechende Gehegepflanze. Winterharte Arten werden in die Gehege eingegraben und können so das ganze Jahr über dort bleiben.

Sequenz Nahrungsaufnahme

Hier dokumentiere ich die einzelnen Schritte der Nahrungsausnahme von Griechischen Landschildkröten am Beispiel der Blüte einer Malve *(Malva sylvestris)*.

Schildkrötenakrobatik 1

Futterpflanzen laden zum Klettern ein.

Schildkrötenakrobatik 2

Um an manche Futterpflanzen zu gelangen, müssen sich die Tiere auch einmal strecken.

Artgerechtes Futter

Für die optimale Haltung sollten stets ausreichend Futterpflanzen vorhanden sein, damit eine abwechslungsreiche Ernährung der Tiere sichergestellt wird. Griechische Landschildkröte vor 1-jähriger Blattrosette der Nachtkerze im Gehege.

Winterfutter

Um auch bei winterwachen bzw. im Winter kranken und deswegen im Haus gehaltenen Tieren eine naturnahe Ernährung sicherzustellen, habe ich immer bereits im September zwei große Saatschalen in einem Frühbeet vorgezogen. So kann ich auch im Winter geeignetes Futter für diese Schildkröten anbieten und muss nicht auf gekauftes und oft ungeeignetes Futter zurückgreifen. Es gibt aber einige Pflanzen, die im Gehege problemlos überwintern und als Futter zur Verfügung stehen. Es hat sich ebenso bewährt, bestimmte Pflanzen an einer geschützten Stelle im Garten, unter Folie, in Töpfen oder Frühbeeten anzupflanzen, damit die Futterversorgung im Winter gewährleistet ist.

Folgende Pflanzen eignen sich besonders als Winterfutter: Nachtkerze mit 1-jähriger Blattrosette, Lungenkraut, Spitz- und Breitwegerich, Pimpinelle, Wilde Malve, Gänsekresse, Löwenzahn.

Winterfutter 1
Pimpinelle
(Pimpinella saxifraga)

Im Herbst ausgesäte Kräuter können bei Bedarf auch in der kalten Jahreszeit an winterwache oder kranke Tiere verfüttert werden.

Winterfutter 2
Spitzwegerich
(Plantago spp.)

An geschützten bzw. schneefreien Stellen sind einige Pflanzen auch noch im Herbst und Winter fütterbar. Sie bieten Schildkröten im Freigehege unmittelbar nach deren Erwachen aus der Winterstarre kräftiges Futter.

Für Europäische Landschildkröten ***nicht*** geeignete Futter- und Gehegepflanzen.

Es gibt nur wenige und ungenaue Informationen darüber, warum einige Europäische Landschildkröten den Verzehr von giftigen Pflanzen offenbar unbeschadet überstehen und andere (auch der gleichen Art) nicht. Dennoch lässt sich mit sehr hoher Wahrscheinlichkeit sagen, dass einige bekannte und beliebte Gartenpflanzen sich weder als Futter noch im Gehege eignen.

Hahnenfuß

(Ranunculus spp.)

Durch die Verwechselungsmöglichkeit mit dem giftigen Scharfen Hahnenfuß rate ich von der Fütterung mit dem eigentlich ungiftigen Kriechenden Hahnenfuß ab.

Maiglöckchen

(Convallaria majalis)

Menschen mögen sich nach einem langen Winter an diesen Blumen erfreuen. Halten Sie dennoch Ihre Schildkröten von ihnen fern.

Engelstrompete

(Brugmansia spp.)

Dies ist eine hochgiftige Pflanze, gefährlich für Mensch und Tier. Schützen Sie besonders Ihre Kinder!

Efeu

(Hedera helix)

Dieser giftige Bodendecker sollte aufgrund seiner sehr raschen Ausbreitung und weil er andere Pflanzen am Wachstum hindert, weder im Gehege selbst noch in seiner Umgebung anzutreffen sein.

Eibe

(Taxus spp.)

Foto: M. Minch

Unter Schildkrötenhaltern wird die Eibe als die giftigste Pflanze angesehen. Noch im Umkreis von bis zu 2 Metern können an und für sich geeignete Futterpflanzen, z. B. durch herabgefallene und sich zersetzende Früchte und Blätter, kontaminiert sein. Ich rate daher, alle Pflanzenteile der Eibe gründlichst aus dem Gehege bzw. aus der Nähe von Gehegen zu entfernen.

Buchsbaum

(Buxus spp.)

Foto: M. Minch

Bekanntermaßen ist der Buchsbaum eine Heckenpflanze, die sich auch als Zierstrauch großer Beliebtheit erfreut. Wird sie nun im Gehege beschnitten, fallen giftige Blätter zu Boden. Diese werden dann zusammen mit bekömmlichem Futter aufgenommen.

VIII

GESUNDE SCHILDKRÖTEN

Gesunde Schildkröten

Die meisten Erkrankungen von Landschildkröten werden durch Fehler in der Haltung verursacht. Durch naturnahe Haltung lässt sich die Wahrscheinlichkeit einer Erkrankung ganz erheblich minimieren. Durch falsche Haltung bedingte Krankheiten sind z. B. stark höckeriger oder weicher Panzer, Papageienschnabel, Organschäden und Schnupfen. Aufgrund meiner streng naturnahen Haltung konnte ich bei meinen Schildkröten von Anfang an und über Jahre hinweg das Auftreten dieser häufigen Erkrankungen vermeiden.

Zugegeben – auch ich habe Fehler gemacht. Anfangs hielt auch ich, weil ich es immer wieder so gesehen hatte, meine Jungtiere in einem Terrarium. Bücher, Halter und selbst Züchter vertraten die Auffassung, Jungtiere in Gefangenschaft seien in den ersten Lebensjahren nicht der Winterstarre zu überlassen. Deswegen hielt auch ich die Tiere in einem Terrarium direkt auf Heizmatten ohne Substrat darauf.

In den Wintermonaten konnte ich im viel zu warmen Wohnzimmer das (zu) schnelle Wachstum der Tiere täglich beobachten. Durch das Aussetzten der Winterstarre in ihren ersten Lebensjahren haben die Tiere stark an Gewicht zugenommen. Wegen der für die Schildkröten viel zu warmen und zu trockenen Terrariumhaltung ist ein leicht höckeriger Panzer entstanden.

Dabei hatte ich es ja eigentlich nur gut gemeint! Erst nach und nach ging man dazu über, eine natürliche Überwinterung Europäischer Landschildkröten auch bereits im Schlupfjahr zu beachten.

Inzwischen bin ich fest davon überzeugt, dass artgerechte Haltung nur als Außenhaltung in strukturierten Gehegen und Schutzhäusern möglich ist, und zwar unter Gewährleistung der natürlichen Winterstarre (vgl. Kap. *Winterstarre*).

Daher gebe ich heute in Zeitungsberichten, auf Homepages, durch Fernsehreportagen, Vorträge, persönliche Gespräche, in Büchern oder Berichten in Fachzeitschriften meine in vielen Jahren gesammelten Erfahrungen an Schildkrötenhalter weiter, um gerade diese Fehler vermeiden zu helfen, die ich früher leider selbst gemacht habe.

Als verantwortungsvoller Halter sollten Sie immer einen Tierarzt zur Seite haben, der sich mit Landschildkröten wirklich auskennt. Da in der praktischen Tierarztausbildung kein Schwerpunkt auf die Behandlung von Landschildkröten gelegt wird, müssen wir gezielt nach schildkrötenerfahrenen Tierärzten suchen.

Ihnen bekannte Schildkrötenhalter, Schildkrötenzüchter, die Deutsche Gesellschaft für Herpetologie und Terrarienkunde e. V. (DGHT) und Fachzeitschriften werden Ihnen bei der Wahl eines Schildkröten-Tierarztes sicher weiterhelfen. Sollten Sie bei Ihrem Tier eine Erkrankung feststellen oder sich diesbezüglich nicht sicher sein, rate ich stets zu einem Besuch beim Tierarzt.
Bedenken Sie bitte, dass im Falle einer Erkrankung der Schildkröte immer die gesamte Haltungsform überdacht und ggf. optimiert werden sollte.

Bei Neuzugängen empfehle ich generell einen Tierarztbesuch. Hier sollte das Tier gründlich untersucht werden, um den eigenen Schildkrötenbestand nicht zu gefährden. Zudem kann der Tierarzt in der Haltung Unerfahrenen Informationen über den Gesundheitszustand der Tiere und über möglicherweise bisher ungenügende Haltungsbedingungen geben.

Sollte Ihnen irgendetwas Merkwürdiges am Verhalten Ihrer Schildkröte, an deren Aktivität, Nahrungsaufnahme, Winterstarreablauf, eine ungewöhnliche Gewichtsveränderung o. Ä. auffallen, ist ein sofortiger Tierarztbesuch unaufschiebbar.

Verzögern Sie das nicht über mehrere Tage, denn Krankheiten können sich gerade bei Reptilien rasch verschlechtern.
Versuchen Sie, schon möglichst bei der Terminvereinbarung viele und exakte Informationen zu geben.

Checkliste für den Tierarztbesuch

Informationen zum Tier:	Informationen zur Haltung:
Art, Alter, Geschlecht	Haltungsart/-ort
Datum der Anschaffung	Ernährung
Anzahl der mit diesem gehaltenen Tiere	Eigene Erfahrungen mit Landschildkröten
Gewichtsverlauf	Winterstarre
Vorerkrankungen	Auffälligkeiten/ besondere Vorkommnisse

Der geübte Halter kann bei der täglichen Kontrolle der Tiere den Gesundheitszustand überprüfen, ohne das Tier ständig in die Hand zu nehmen.
Durch Betrachten von Panzer, Haut, Augen, Nase, Mund und den Bewegungen des Tieres lassen sich erste Anzeichen einer Krankheit erkennen. Darüber hinaus geben regelmäßige Gewichtskontrollen (z. B. 14-tägig oder monatlich) sowie das Betrachten von Kot und Urin dem Halter einen gewissen Überblick über die Gesundheit der Tiere.

Gesunde Griechische Landschildkröte

So sollte eine gesunde Schildkröte aussehen: fester, gleichmäßig gewachsener Panzer, klare Augen, trockene Nase.

Wie erkenne ich eine gesunde Schildkröte?

Panzer: Er sollte fest, gleichmäßig glatt gewachsen und ohne Verletzungen sein. Bei Schlüpflingen und Jungtieren gibt der Panzer bei vorsichtigem Drücken leicht nach. Bei älteren und ausgewachsenen Tiere ist der Panzer fest.
Bei naturnaher Haltung bleibt der Panzer glatt und bildet keine Höcker. Bitte bieten Sie Ihrem Tier keine 'Panzer-Wellness' in Form von Öl, Cremes oder ähnlichen Präparaten an. Die Gefahr, Poren im Panzer zu verstopfen, ist sehr hoch. Ersparen Sie Ihrem Tier diese Art der 'Panzerpflege'. Sie schadet viel mehr als sie nutzt.

Haut: Die Haut sollte trocken sein und keine Wunden aufweisen. Obwohl sich manche Tiere ab und zu an einigen Körperstellen häuten, sollten sich größere Hautflächen nicht ablösen lassen.
Verzichten Sie unbedingt darauf, lose Hautteile zu entfernen. Etwaige Verletzungen während der Paarungszeit sollten stets insbesondere auf entstehende Entzündung hin beobachtet werden.
Achten Sie darauf, dass sich keine Parasiten (Würmer, Maden von Fliegen) in der Haut befinden oder sonstige Fremdkörper (z. B. Stacheln) darin stecken.

Panzerdeformation
Foto: P. Friesleber

Der schlecht gewachsene Panzer dieser Griechischen Landschildkröte ist auf eine nicht artgerechte Haltung zurück zu führen. Dieses Tier wurde über Jahre in einem kleinen Terrarium ohne natürliches Sonnenlicht, ohne Winterstarre gehalten und mit ungeeignetem Futter ernährt.

Gesunde Maurische Landschildkröte

Diese Schildkröte zeigt einen optimal gewachsenen Kiefer, offene und klare Augen.

Augen: Die Augen sollten offen und klar sein. Bei trüben, geschwollenen, dauerhaft verschlossenen oder eingefallenen Augen sollte sofort ein schildkrötenerfahrener Tierarzt aufgesucht werden.

Nase: Die Nasenöffnungen sollten trocken und frei sein sowie keinen Ausfluss zeigen. Beim Atmen können durchaus leichte Atemgeräusche hörbar sein. Pfeifgeräusche deuten allerdings auf eine Erkrankung der Atemwege hin, die dringend behandelt werden muss.

Mund: Durch das Aufnehmen von kräftigen Pflanzenteilen und Kräutern nutzen sich die Hornscheiden der Tiere von selbst ab. Das Anbieten von unzerkleinerter Sepiaschale fördert das natürliche Abnutzen ebenfalls. Wird zu viel weiches Futter angeboten, entsteht der so genannte Papageienschnabel (Überbiss). Dieser muss vom Tierarzt korrigiert werden.

Krallen: Durch eine abwechslungsreiche Gehegegestaltung mit Erde und Steinen nutzen sich die Krallen der Tiere auf natürliche Weise ab. Wird ein Tier jedoch im Terrarium auf Glas, Zeitungspapier, zu weichem Substrat oder Betonplatten gehalten, können sich die Krallen nicht bzw. übermäßig stark abnutzen. Trifft die Schildkröte im Gehege nur Rasen als Untergrund an, kann es ebenfalls nötig sein, die Kallen zu kürzen. Das Schneiden der Krallen sollte aber von einem Fachmann durchgeführt werden. Ich musste leider schon Tiere sehen, bei denen die Krallen durch den unerfahrenen Halter bis auf die Haut abgeschnitten und die Blutgefäße sichtbar verletzt worden waren (starke Blutung).

Kranke Griechische Landschildkröte

Leicht trübe Augen und krankhaftes Kieferwachstum (Papageienschnabel) sind ein deutlicher Hinweis auf nicht artgerechte Haltung.

Aktivität: Landschildkröten sind von Frühjahr bis in den Spätsommer hinein sehr aktiv, wenn sie gut gehalten werden. Aussagen, dass Schildkröten langsam und langweilig seien, treffen wohl nur dann zu, wenn die Tiere schlecht gehalten werden und daher nicht wirklich gesund sind. Beim Laufen heben gesunde Tiere den kompletten Panzer an. Aktive Tiere fressen den ganzen Tag, aber nehmen dabei immer nur kleinere Pflanzenteile und -mengen auf. Bei der Einzelhaltung entsteht für den Halter der Nachteil, dass er sein Tier nicht mit anderen vergleichen und somit ein inaktives Tier womöglich schlecht oder nur sehr spät erkennen kann.

Erwirbt man nun ein Tier im Spätsommer oder erst im Herbst, ist durch die schon jetzt beginnende Vorbereitung auf die Winterstarre das Tier deutlich weniger aktiv. Gleiches gilt bei denjenigen Tieren, die arttypisch eine Sommerruhe halten und sich dazu über mehrere Wochen in der Erde vergraben. Zunächst sollte sich der Halter von dieser normalen Aktivitätsminderung nicht beunruhigen lassen. Erhöhte Wachsamkeit ist erst dann geboten, wenn Tiere sich bei gleichen Umgebungsbedingungen, gleicher Jahreszeit etc. auffällig unterschiedlich verhalten. Wenn alle Tiere aktiv sind und z. B. nur eines sich ständig vergräbt, kann dieses abweichende Verhalten ein Hinweis auf Krankheit sein.
Auch deswegen ist es wichtig, Europäische Landschildkröten nicht einzeln zu halten.

Kot und Urin: Der Kot sollte dunkelbraun, teils dunkelgrün und fest sein. Durch schlechte Fütterung, z. B. mit Obst und Salat, aber auch durch einen starken Wurmbefall oder andere Parasiten kann Durchfall auftreten. Hier sollte man dringend die Haltung und Fütterung auf Artgerechtigkeit überprüfen, ggf. umstellen und außerdem den Kot vom Fachmann untersuchen lassen.
Bei einem massiven Wurmbefall können die Schädlinge sogar im Kot sichtbar sein. Das muss behandelt werden.

Gesunder Kot einer Landschildkröte

Bei naturnaher Ernährung sollte der Kot dunkelbraun und fest sein.

Ich rate im August zu einer Kotuntersuchung durch den Tierarzt. Wird es wegen eines gravierenden Wurmbefalls nötig, das Tier zu entwurmen, muss es sich bis zur anstehenden Winterstarre erholen können.
In dieser Zeit werden abgestorbene Würmer und Rückstände der Wurmbehandlung ausgeschieden.
Neben dem Kot gibt die Schildkröte Harn und Harnsäure ab. Gesunde Tiere scheiden Harn als klare Flüssigkeit aus. Zudem geben sie meist gleichzeitig Harnsäure ab, welche ein wasserunlösliches Eiweißabbauprodukt ist. Sie sollte weiß und pastenähnlich sein.
Eine grießartige, verfärbte Konsistenz ist meist durch zu trockene Haltung bedingt. Dann sollte man auch hier seine Haltungsart überdenken und möglicherweise umstellen.

Wird eine Schildkröte durch den Tierarzt medikamentös behandelt, setzen Sie sie mehrmals in der Woche in eine Badeschale mit handwarmem Wasser, damit sie genügend Flüssigkeit aufnehmen kann.

Als Zusatz verwende ich gerne Kamillentee (Teebeutel oder, noch besser, Sud aus Kamillenblüten). Auch unabhängig von etwaiger Erkrankung: Die Tiere sollten jederzeit die Möglichkeit haben, eigenständig eine Wasserschale zum Trinken oder Baden zu nutzen, um ihren Wasserhaushalt auszugleichen.

Da die Tiere während des Badens oft Kot oder Harn(säure) absetzen, ist ein mehrmals tägliches Reinigen des Gefäßes notwendig.

Griechische Landschildkröte beim Baden

Beim Baden geben die Tiere oft Kot und Harn(säure) ab. Hier im Bild: Harnsäure (weiß). Vor der Winterstarre werden die Tiere ein- bis zweimal durch den Halter gebadet, um den Wasserhaushalt auszugleichen. Ganzjährig vorhandene saubere Wasserschalen im Gehege, die ein eigenständiges Baden ermöglichen, dürfen selbstverständlich nicht fehlen.

Wann ist meine Schildkröte zu dick?

Regelmäßige Gewichtskontrollen im Abstand von etwa 14 Tagen empfehle ich vor allem denjenigen, die noch wenig Erfahrung mit den Tieren haben. Dabei stellt man vor allem bei Jungtieren fest, dass diese von Frühjahr bis Sommer deutlich an Gewicht zunehmen und im Spätsommer oder Herbst das Gewicht halten oder sogar leicht abnehmen. Dieser Verlauf ist natürlich und durch die Winterstarre bedingt.

Hat man Erfahrung in der Haltung von Schildkröten, ist ein monatliches Wiegen von Vorteil, da das Gewicht viel über den Gesundheitszustand verrät. Halten Sie die Werte zum Gewicht Ihrer Tiere in einer Tabelle fest, sie sind ggf. für den Tierarzt eine notwendige Information.

Alter	Gewicht
0 Jahr	10-20 g
1 Jahr	30-40 g
2 Jahre	60-90 g
3 Jahre	90-140 g
4 Jahre	120-200 g

Das Gewicht von Schlüpflingen beträgt 5-15 g (abhängig von Art und den Elterntieren). Um ein Beispiel anzugeben, möchte ich den Gewichtsverlauf meiner eigenen Griechischen Landschildkröten *(Testudo hermanni boettgeri)* zeigen. Diese schlüpfen etwa Juli bis August und wiegen ca. 10 g. Bis zum Herbst fressen die Tiere und nehmen so ca. die Hälfte ihres Gewichtes zu.

Nach der Winterstarre (ca. 15-20 g) beginnt die erneute Aktivität. Im Sommer (also 1-jährig) wiegen meine Tiere um die 30-40 g. Im darauf folgenden Jahr bringen sie ca. 60-90 g auf die Waage.
Als 3-jährige Tiere wiegen sie dann etwa 90-130 g. Ein weiteres Jahr später (mit dem Alter von 4 Jahren) wiegen sie etwa 120-200 g.
Die genannten Daten möchte ich nur als Richtwert verstanden wissen. Wenn Ihr Tier also einmal verglichen mit diesen Angaben 10 oder 20 g zu viel wiegt, ist dies kein Grund zur Besorgnis. Ich möchte Ihnen lediglich einen ungefähren Gewichtsverlauf nennen.

Noch einen Hinweis zu der Gewichtstabelle:
Für Schildkröten ab einem Alter von 5 Jahren, die in Gefangenschaft leben, lassen sich zuverlässige Richtwerte zum Gewichtsverlauf deswegen nicht angeben, weil Schildkröten sich in Abhängigkeit von den jeweiligen Haltungsbedingungen sehr unterschiedlich entwickeln können.

1,5-jährige Maurische Landschildkröte auf der Waage

Ziel meines Buches ist eine Vereinheitlichung der Haltungsbedingungen von Europäischen Landschildkröten durch ihre naturnahe Haltung. Es bekümmert mich sehr, wenn ein 1-jähriges Tier über 100 g wiegt, z. B. durch das Vorenthalten der Winterstarre oder ständigen Aufenthalt in einem warmen Terrarium!

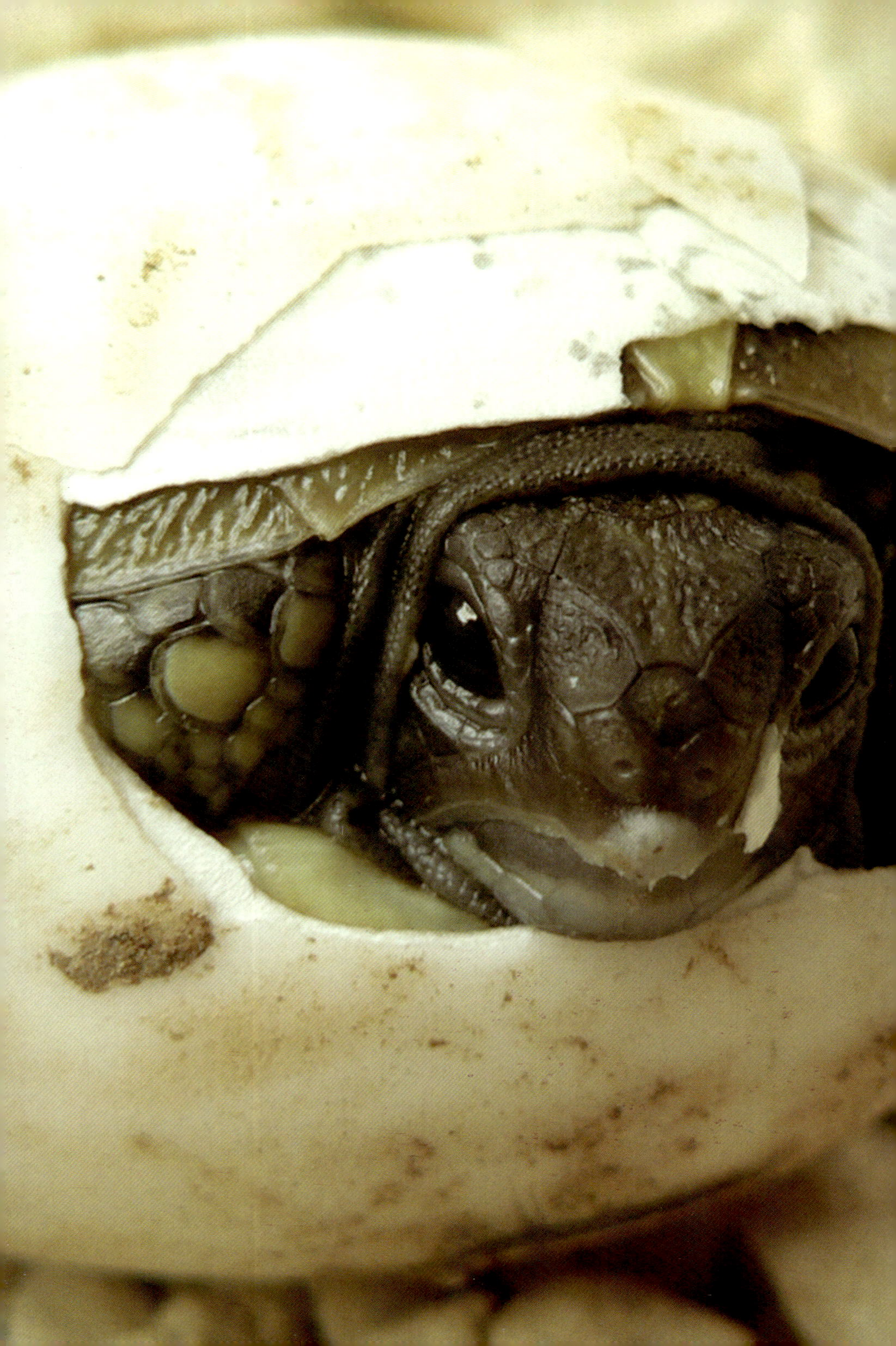

IX

ERFOLGREICHE VERMEHRUNG

Griechische Landschildkröte (60-jährig) mit Schlüpfling, Foto: V. Mattern

Die Tiere sind von Anfang an selbstständig und leben in getrennten Gehegen. Brutpflege ist nicht notwendig. Die beiden Tiere wurden nur zu Zwecke dieser Aufnahme zueinander gesetzt.

Die wichtigste Voraussetzung einer auf ganz lange Sicht erfolgreichen Arterhaltung von Landschildkröten ist selbstverständlich der Biotopschutz des Ursprungshabitats. Ich sehe meine Arbeit zur Gewährleistung einer artgerechten Haltung in menschlicher Obhut auch als Beitrag zur Arterhaltung Europäischer Landschildkröten. Gelingt es nämlich, durch Aufklärungsarbeit die Nachzucht von Schildkröten auch in Gefangenschaft erfolgreich zu gestalten, wird die Entnahme von Schildkröten aus ihrem Ursprungshabitat überflüssig, d. h., die Wahrscheinlichkeit einer Vermehrung und damit der Arterhaltung wird entscheidend erhöht.

Ich rate jedem Kaufinteressenten, Nachzuchten nur aus wirklich seriösen Händen und wohnortnah zu erwerben. Es ist gut, wenn man den Züchter persönlich kennt und den Tieren den Stress eines langen Transports erspart (vgl. Kap. *Überlegungen vor dem Kauf*).

Schlüpflinge der Griechischen Landschildkröte, Foto: V. Mattern

Dieses Foto entstand für einen Zeitungsbericht über die Haltung von Europäischen Landschildkröten. Die Tiere wurden nur für diesen Zweck hintereinander auf einer Steinplatte angeordnet.

Paarung

Weibliche Europäische Landschildkröten erreichen mit ca. 7 Jahren und einem Gewicht von ca. 500 g die Geschlechtsreife. Männliche Tiere erreichen die Geschlechtsreife 1-2 Jahre früher als Weibchen. Bei Tieren, die unter unnatürlichen Umständen sehr schnell gewachsen sind, kann die Geschlechtsreife jedoch schon früher eintreten. Die Paarung beginnt bereits wenige Tage nach der Winterstarre. Das Paarungsverhalten ist bei den verschiedenen Arten ähnlich: Das Männchen versucht, durch Bisse in Beine und Kopf das weibliche Tier am Weglaufen zu hindern. Weibchen, die nicht paarungsbereit sind, drehen sich um ihre vertikale Achse, um aufdringliche Männchen abzuschütteln. Ist das Weibchen paarungswillig, so zieht es aufgrund der Bisse in Beine und Kopf ihre Körperteile tief in den Panzer ein, so dass die Kloake nach außen gedrängt wird. Dies dient dazu, dem Männchen die Paarung zu erleichtern.

Paarungsritual

Durch Bisse in die Beine versucht dieses Männchen der Maurischen Landschildkröte, seine Partnerin am Weglaufen zu hindern.

Das Männchen klammert sich fast senkrecht stehend mit Beinen und Schwanz an den Panzer des Weibchens. Der konkave (eingewölbte) Bauchpanzer des Männchens erleichtert dabei das Aufreiten. Während das Maul weit geöffnet ist, gibt das Männchen im Rhythmus der Paarung piepsende Töne von sich.

Neben dem genannten Beißen in Kopf und Beine fällt bei der Steppenschildkröte *(Testudo [Agrionemys] horsfieldii)* hingegen auf, dass das Männchen dem Weibchen bei der Balz durch vertikale Kopfwackelbewegungen imponieren möchte. Bei der Griechischen Landschildkröte sind diese Kopfwackelbewegungen nicht festzustellen.

Die Paarungsrituale männlicher Tiere der Maurische Landschildkröte *(Testudo graeca)* sind geprägt von starken Rammstößen. Diese Paarungsaktivitäten wirken sehr aggressiv und sind für den Halter sehr auffällig, da man das Gegeneinanderstoßen der Panzer weit über den Garten hinaus hören kann.

Paarung Griechischer Landschildkröten

Das Schutzhaus sollte tagsüber stets geöffnet sein. So können z. B. paarungsunwillige Tiere dies schnell verlassen, wenn sie von einem aufdringlichen Männchen verfolgt werden.

In der Natur lebende Europäische Landschildkröten unterliegen einem strikten Jahreszyklus mit verschiedenen Paarungsaktivitäten (vgl. VINKE/VINKE 2004). Es ist möglich, dass in Gefangenschaft das Paarungsverhalten anders bzw. stärker ausgeprägt ist. So kann es nötig sein, dauerhaft störende Männchen (z. B. während der Eiablage) aus dem Gehege zu separieren.
Auch bei ständig paarungswilligen Männchen sollte besonders darauf geachtet werden, dass die Weibchen keine Verletzungen durch Rammen des Panzers oder Bisse in Kopf oder Beine davontragen.

Sollten blutige Wunden an den Tieren festgestellt werden, ist es nötig, die Tiere, wenn auch nur zeitweise, zu trennen. Es muss auch im Bezug auf die Paarung immer daran gedacht werden, dass einige Haltungsfaktoren, z. B. die Gehegegröße, nicht optimal sein könnten. In solchen Fällen ist es von Vorteil, wenn man ein Zweitgehege mit allen technischen Vorrichtungen parat hat.

Meine Tiere werden dauerhaft in Gruppen gehalten. Eine Trennung zwischen männlichen und weiblichen Tieren ist bei meinen Landschildkröten nicht nötig. Als Grund sehe ich die relativ großen und gut durchstrukturierten Freilandgehege (mit den notwendigen technischen Ausstattungen) sowie ein optimales Geschlechtsverhältnis der Tiere.

Verletzung bei einer Griechischen Landschildkröte

Bei starken Verletzungen sollte man die Tiere zeitweise trennen und Überlegungen zu einer Haltungsoptimierung anstellen.

Eiablage

Sind die Temperaturen im April bis Mai mehrere Tage lang deutlich über 20 °C, findet bei meinen Tieren die erste Eiablage ca. 3-6 Wochen nach der Paarung statt. Bei meinen Schildkröten kann ich feststellen, dass an warmen Tagen der im Freigehege angelegte Legehügel zur Eiablage genutzt wird. Sind die Temperaturen für die Weibchen im Freigehege aber nicht ausreichend, legen sie ihre Eier stets direkt unter die Wärmelampen in den Schutzhäusern. Hierbei zeigt sich, dass die Tiere stets warme Stellen aufsuchen, um die Eier durch nahezu ideale Temperaturen ausbrüten zu können. Dies macht noch einmal deutlich, dass die Temperaturen einen sehr wichtigen Faktor im Leben von Landschildkröten darstellen. Würde ich meinen Tieren keine Wärmelampen bzw. Frühbeete oder Gewächshäuser zur Verfügung stellen, könnten die Weibchen während kühlerer Perioden keine Eier legen. Ein Zurückhalten der Eier kann im schlimmsten Fall eine gefährliche Legenot verursachen! Hat das Weibchen eine geeignete Stelle gefunden, wird mit den Hinterbeinen eine ca. 5-10 cm tiefe Gelegestelle ausgegraben. Die Tiere können die Grabeaktivität einstellen, wenn der vorgefunden Bereich nicht optimal erscheint, z. B. durch Wurzeln oder größere Steine in der Vertiefung.

Ist die Eiablagestelle gegraben (Dauer ca. 20-60 Minuten, abhängig vom Tier und Konsistenz des Substrats), werden die Eier gelegt. Jedes einzelne Ei wird vorsichtig mit den Hinterbeinen betastet und an eine noch freie Stelle geschoben.

Wenn Sie die Möglichkeit haben, solch einen Legevorgang in einigen Metern Entfernung zu beobachten, werden Sie staunen, mit welchem Geschick die Eier mit den Hinterbeinen betastet werden. Die Dauer zwischen dem Legen zweier Eier beträgt bei meinen Tieren im Mittel ca. 1-5 Minuten. Die Eier werden nach einem bestimmten Schema nebeneinander (waagrecht auf eine Ebene) angeordnet. Anschließend verschließt das Tier die Stelle mit den Hinterbeinen fest, aber sehr vorsichtig. Es ist immer wieder erstaunlich, wie sorgfältig die Legestelle durch das Weibchen geschlossen wird. Auch für den geübten Halter ist es oft sehr schwierig, die Spuren einer Eiablage nachträglich zu erkennen. Sogar die während der Ablage aus einiger Entfernung beobachteten Legestellen finde ich oft nicht sofort wieder, da das Gelege so ordentlich mit Erde aufgefüllt wurde. Die Größe der Eier hängt außer von der Art auch von Körpergröße, Alter der Tiere und von der Gesamtzahl der Eier ab. Werden viele Eier gebildet, sind diese deutlich kleiner als bei einer geringeren Anzahl. Die Größe der Eier beträgt im Mittel 20–35 mm. Das Gewicht liegt abhängig von den genannten Faktoren zwischen ca. 8-20 g.

Legevorgang

Landschildkröten sollte man beim Legevorgang nicht stören – Maurische Landschildkröte am bewachsenen Legehügel.

Bei den Steppenschildkröten sind die Eier sehr ausgeprägt oval, bei Griechischen Landschildkröten nur noch leicht oval, bei Maurischen Landschildkröten eher rund und bei der Breitrandschildkröte noch kugelförmiger.
Pro Jahr werden ca. 1-3 Gelege abgegeben. Die Anzahl der Eier pro Gelege ist ebenfalls von der Art und Größe der weiblichen Tiere abhängig und beträgt im Mittel 4-8 Eier.
Nach Beendigung der Eiablage laufen die Weibchen auf sehr wackeligen Beinen durch das Gehege und suchen Schutz unter Sträuchern o. Ä. Die Anstrengung der Eiablage ist den Weibchen wortwörtlich ins Gesicht geschrieben.

Bei machen Tieren kann man beobachten, dass sie bereits kurz nach der Eiablage ausgiebig die Wasserstellen aufsuchen und größere Mengen Futter fressen. Manche Weibchen nagen anschließend auffällig an der Sepiaschale. Dieses Zusatzfutter ist übrigens auch vor der Eiablage notwendig, um ausreichend Kalk für die Eibildung aufzunehmen.

Eier bergen

Erst nachdem das Weibchen die Gelegegrube vollständig mit den Hinterbeinen verschlossen und verlassen hat, werden die Eier vom Halter geborgen.

Freigelegtes Gelege einer Maurischen Landschildkröte

Die Eier werden in den Brutkasten überführt.

Einige Halter entnehmen die Eier bereits beim Legevorgang oder lassen die Tiere die Grube nicht verschließen und setzen die Tiere weg, um die Eier zu bergen.
ZIRNGIBL (2000) z. B. setzt mit dem Beginn des Verschließens der Grube das Tier nur ein Stück auf die Seite und entnimmt die Eier aus der Legegrube. Anschließend setzt er das Weibchen wieder auf die ehemalige Eigrube, um dem Tier das Verschließen der Grube zu ermöglichen.

Ich nehme mir ein Beispiel an der Natur und lasse die Tiere ihren Legevorgang mit dem kompletten Verschließen der Grube beenden.

Bebrütung

Da die Temperatur im Gehegeboden, Frühbeet oder Freigehege, für eine Inkubation (Bebrütung) meist nicht ausreicht, werden die Eier nach der Ablage wieder vorsichtig aus der Erde ausgegraben, in kleine Behälter gesetzt und in den Inkubator überführt.

Liegen die Eier bereits mehrere Stunden in der Eigrube, wird die Position der Eier nicht mehr durch Drehen verändert, da die im Ei befindlichen Inhalte wie Eidotter und Eiklar sich womöglich bereits speziell angeordnet haben. Die oberste Stelle des Eis wird daher mit einem weichen Bleistift markiert.
Es ist außerdem für die weitere Bebrütung wichtig, die Position der Eier nicht mehr zu verändern, da sonst die bereits entwickelte Schildkröte durch Drehung des Eis absterben könnte. Besteht aufgrund hoher Sommertemperaturen die Möglichkeit, dass es zu einem Schlüpfen außerhalb des Inkubators kommt, sind die Schlüpflinge in unmittelbarer Lebensgefahr.

Dies aus folgenden Gründen: Die winzigen Schlüpflinge wird man weder im Frühbeet und schon gar nicht im Freigehege auffinden können, um sie vor Fressfeinden und menschlicher Unachtsamkeit durch Zertreten zu schützen. Außerdem werden die kleinen Tiere später keine temperatur- und feuchtigkeitsüberwachte Winterstarre erhalten können.

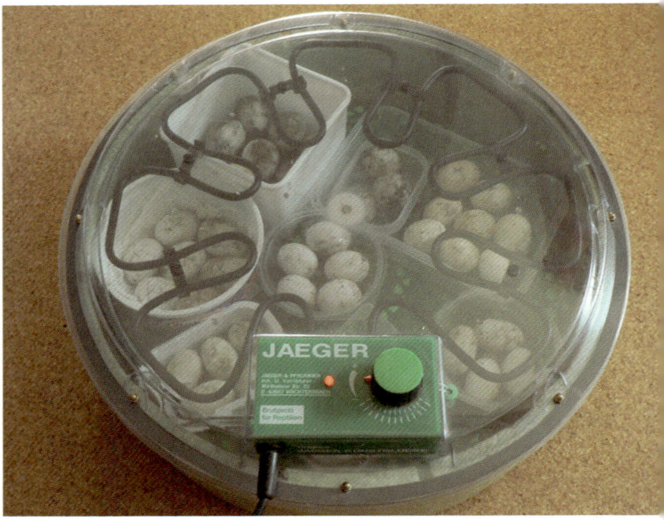

Brutapparat

Ich verwende die Kunstglucke „FB 50 Reptilien“ der Firma JAEGER & PFROMMER aus Wächtersbach in Hessen zum Ausbrüten der Schildkröteneier.

Sorgen Sie immer dafür, dass das Ausbrüten von Schildkröteneiern nur kontrolliert stattfindet. Es gibt mehrere im Handel erhältliche Brutkästen in verschiedenen Größen. Auch ist es möglich, im Eigenbau einen solchen Apparat zu bauen.

Ich habe seit Jahren sehr gute Erfahrungen mit der JAEGER-Kunstglucke „FB 50 Reptilien“ gemacht. Durch ein Thermostat kann ich mühelos die gewünschte Temperatur einstellen. Auch die Luftfeuchtigkeit ist durch ein Zubehörset (Feuchtbrutset) regulierbar. Die Luftfeuchtigkeit sollte nach KIRSCHE (1997) 70-100 % betragen. Zu trockene Bebrütung sollte vermieden werden, da nach VINKE/VINKE (2004) bei einer relativen Luftfeuchtigkeit von 60 % viele Tiere kurz vor dem Schlupf im Ei abgestorben sind.

Geeignetes Brutsubstrat

Im Handel ist so genanntes Vermiculit erhältlich, welches über einen längeren Zeitraum ein sehr geeignetes Brutsubstrat ergibt. Angefeuchtet wird es in ein kleineres Behältnis gegeben. In dieses Substrat legt man dann vorsichtig die zu bebrütenden Eier.

Eine andere Möglichkeit ist, die Eier komplett ohne Substrat zu inkubieren. Hier werden alle Eier eines Geleges in Plastikschalen in den Brutkasten gelegt. Ein strittiges und noch weitgehend unerforschtes Verfahren ist das teilweise Eingraben der Eier ins Brutsubstrat.
Eigene Berichte zeigen, dass man die Eier eher vollständig in das Substrat eingraben oder eben offen liegen lassen sollte. Hat man die Eier nämlich nur teilweise eingegraben, können an den bedeckten bzw. unbedeckten Stellen des Eies Spannungen entstehen, die zu Rissen in der Schale führen. Gerade beim Thema Inkubation muss gesagt werden, dass es viele verschiedene Möglichkeiten gibt, die Erfolg versprechen. Daher möchte ich an dieser Stelle auf eine geeignete Lektüre hinweisen, die sich ausschließlich mit dem Thema Inkubation befasst, nämlich VINKE/VINKE (2004) – die genaue Literaturangabe im Anhang.

Die Temperatur spielt bei der Bebrütung eine sehr große Rolle. Sie ist entscheidend für die Frage, nach wie vielen Tagen kleine Schildkröten schlüpfen. Außerdem bestimmt sich das Geschlecht der Tiere während der Entwicklungsphase im Ei. Meine Schildkröteneier werden bei 30-32 °C durchgehend, das heißt ohne Nachtabsenkung der Temperatur, bebrütet.
Vergleicht man die Entwicklung beim genannten Temperaturmaximum mit der beim Temperaturminimum, zeigt sich:
Bei der höheren Temperatur entwickeln sich die Tiere schneller als bei der niedrigeren Temperatur. Wenn zu einem bestimmten Zeitpunkt der Eientwicklung eine Temperatur von 32 °C herrscht, kommt es eher zum Entstehen weiblicher Tiere; wenn die Temperatur deutlich niedriger ist, entwickeln sich eher männliche Tiere. Die ideale Bruttemperatur (Zeitigungstemperatur) beträgt nach KIRSCHE (1997) 28-33 °C.

Liegt die Temperatur dauerhaft unter dem Minimalwert, kann keine Entwicklung stattfinden. Liegt die Temperatur über dem angegebenen Maximum, könnte ein Absterben des bereits entwickelten Individuums die Folge sein.
KIRSCHE (1997) gibt an, dass eine Inkubationstemperatur für Schildkröteneier, die unter 25 °C bzw. über 34 °C liegt, zu einer Mortalitätsrate von nahezu 100 % führt.

Schlupf

Der 2 Monate nach dem Legen der Eier beginnende Schlupfvorgang ist m. E. der spannendste Vorgang in der Schildkrötenhaltung. Mit Hilfe der Eischwiele ritzt das Tier das Innere der Schale leicht auf. Im Folgenden wird durch Beinbewegung nach und nach versucht, diese Stelle zu einer Öffnung in der Eischale aufzubrechen. Die Dauer vom ersten Riss im Ei bis zum vollständig geschlüpften Tier ist unterschiedlich. Es gibt Schlüpflinge, die bereits nach ½ Stunde, gelegentlich auch noch schneller, ihr Ei verlassen konnten und neben ihm im Brutkasten sitzen. Andere hingegen schauen noch nach Stunden oder sogar 1-2 Tagen nur mit ihrem Kopf aus dem Ei heraus. Auch wenn man annehmen sollte, dass solch ein Tier in dieser Situation der Unterstützung des Halters bedarf, helfe ich beim Schlupfvorgang nicht mehr nach. Fälle, in denen noch ein großer Teil des Eidotters am Bauchpanzer hing, haben mich davon abgebracht. Bei einigen Tieren muss sich erst der Eidotter in den Panzer einziehen, ehe sie schlüpfen. Und das geschieht am besten noch im Ei! Wird ein Tier durch den Halter aus dem Ei geholt, wäre das Tier durch den Eidotter am Laufen gehindert. Außerdem könnte sich das Tier Verletzungen am Bauchpanzer zuziehen, wenn der Eidotter beschädigt wird. Ausreichend Luftfeuchtigkeit ist sehr wichtig, da sonst u. U. die Eihaut am Panzer festklebt bzw. schrumpft und den Schlupf erschwert oder unmöglich macht!

Querfaltung am Bauchpanzer

Direkt nach dem Schlupf ist am Bauchpanzer eine Querfaltung zu erkennen, die sich nach wenigen Stunden glättet.

Ist nun die Schildkröte komplett aus dem Ei gelangt, wird das Gewicht notiert und das Tier in eine vorbereitete Plastikwanne (ca. 80 x 40 x 20 cm) gesetzt. Die Plastikwanne sollte man wie ein kleines Gehege einrichten. Ich gebe dazu einige Hinweise: Bedecken Sie den Boden der Wanne hälftig mit Steinen und ungedüngter Gartenerde in einer Höhe von 2-3 cm. Fügen Sie etwas Sphagnum-Moos (erhältlich im Tierbedarfshandel) hinzu. Leicht feucht gehaltenes Sphagnum-Moos dient zusammen mit einer Baumrinde als Versteckmöglichkeit. Nach dem Schlupf dürfen die Tiere nur wenigeTage in der Wohnung gehalten werden. Nach dieser Zeit sollte der Bauchpanzer komplett verschlossen sein. Wenn Sie das kontrolliert haben, kommen die Tiere in ein kleines Freigehege mit einem Frühbeet in den Garten. Darüber hinaus enthält das Moos Flüssigkeit, die für Schlüpflinge besonders wichtig ist. Vergessen Sie bitte nicht die Wärmelampe und eine Wasserschale, die täglich mit frischem Wasser aufgefüllt wird. Die Plastikwanne ist für 2-5 Tage der Aufenthaltsort der Schlüpflinge. Dieses 'Miniatur-Gehege' ist in ähnlicher Weise angelegt, wie es bei den großen Tieren der Fall ist. Weitere Angaben zu diesem Kleingehege finden Sie im nächsten Kapitel.

Einen Unterschied in der Pflege von Schlüpflinge im Vergleich zu größeren Tieren gibt es nicht. Auch Jungtiere ernähren sich selbstständig mit Wildkräutern und Heu und bleiben im kleinen Freigehege, bis sie im Herbst ihres Schlupfjahres in die Winterstarre fallen.

Plastikwanne für Schlüpflinge

Dort bleiben die Tiere nach dem Schlupf noch für 2-5 Tage. Hier kann ich die Tiere genau beobachten. Später werden sie ein strukturiertes kleines Freigehege gesetzt.

Versteckmöglichkeit für Schlüpflinge

Ein Jungtier schaut aus dem Sphagnum-Moos.

X

HALTUNG UND AUFZUCHT VON SCHLÜPFLINGEN UND JUNGTIEREN

Ausbruchversuch eines Jungtiers, Foto: A. Krieger

Unterschätzen Sie nie die Kletterfreudigkeit und Geschicklichkeit Ihrer kleinen und großen Schildkröten!

Da Schlüpflinge und Jungtiere in deren Ursprungshabitat dieselben Bedingungen wie ältere Tiere vorfinden, halte ich alle meine Tiere in strukturierten Freilandanlagen mit Schutzhäusern, in denen sich auch die Jungtiere von Anfang an in eigenen kleineren Gehegen und Frühbeeten mit Wildkräutern selbst versorgen. Die Aufzucht von Europäischen Landschildkröten im Terrarium halte ich, wie gesagt, für nicht naturnah und deswegen für nicht artgerecht.

Die im vorliegenden Buch angegebenen Hinweise und Empfehlungen gelten grundsätzlich sowohl für erwachsene als auch junge Europäische Landschildkröten. Einzige wichtige Unterschiede sind die Größe des Schutzhauses und die Fläche des Freigeheges. Im folgenden Beispiel wurde ein Kindersandkasten aus Holz (1,20 x 1,20 m) für Schlüpflinge als Umrandung der Gehegefläche gewählt, was ich Anfängern in der Schildkrötenhaltung gerne empfehle.

Ein Sandkasten ist sehr kostengünstig, leicht aufzubauen und für die ersten 1-3 Jahre (abhängig von der Größe, Art und Anzahl der Landschildkröten) völlig ausreichend. Daran wird ein kleines Frühbeet (1,20 x 0,60 m) als Schutzhaus gesetzt, welches mit Wärmelampen und Heizmöglichkeiten ausgestattet ist.

Schlüpfling der Griechischen Landschildkröte

Trotz der noch geringen Größe ihres Panzers leben Schlüpflinge von Anfang an selbstständig und bedürfen keiner 'Verhätschelung'.

In den ersten 3 Lebensjahren ist von einer größeren Gehegefläche absolut abzuraten. Ich habe mir angewöhnt, niemals einen Fuß in ein 'Babygehege' zu setzen, da ich von vielen Fällen gehört habe, in denen kleine Tiere unbeabsichtigt zertreten wurden.
Daher sollte ein Kleingehege nur so groß sein, dass man die gesamte Gehegefläche bequem vom Rand aus mit den Händen erreichen kann. Erst nach 4 Jahren bedarf es eines größeren Geheges.

Ich bitte Sie, Ihr besonderes Augenmerk auf die Größe der Tiere und in Abhängigkeit davon auf eine genügend hohe und dichte Gehegebegrenzung zu richten: Gerade Schlüpflinge und Jungtiere passen in noch so kleine Spalten oder Löcher, so dass der Halter für eine exakt gebaute Umrandung sorgen muss. Einmal aus dem Gehege verschwundene kleine Landschildkröten werden in der Regel nicht wieder aufgefunden.
Bitte setzen Sie auch gerade deswegen Ihre Tiere niemals außerhalb des Geheges ab! Bei solchen Unbedachtsamkeiten sind schon viele Tiere auf Dauer abhanden gekommen und zugrunde gegangen.

Hinweise zum Bau eines Kleingeheges für Schlüpflinge und Jungtiere

Beim Bau eines Kleingeheges gelten ähnliche Hinweise wie die zur Errichtung eines Frühbeets aus dem Kapitel *Freilandgehege für Landschildkröten*.

Ich nehme diese Hinweise zusammen mit einigen zusätzlichen Tipps hier noch einmal auf. So ergibt sich ein besserer Zusammenhang zu den im Anschluss zu sehenden Fotos:

- Suchen Sie eine geeignete Stelle, z. B. geschützt am Haus, aber sonnig, viel Morgensonne.
- Heben Sie die Fläche für das Gehege aus.
- Verlegen Sie auf dem Boden einen engmaschigen Schutzdraht oder Steinplatten.
- Stellen Sie einen Sandkasten darauf und befestigen Sie ihn mit Draht.
- Schütten Sie ungedüngte Gartenerde ins Gehege, verteilen Sie diese und formen Sie Erdwälle.
- Bringen Sie Pflanzen ein (durch Einsetzen und/oder Aussähen).
- Denken Sie an eine Wasserschale und Versteckmöglichkeiten im Gehege.
- Schottern Sie kleine Wege für die Tiere mit Kalksteinen auf.
- Legen Sie ein Schutzgitter auf. Es muss so hoch sein, dass Pflanzen unterhalb des Gitters wachsen können.
- Montieren Sie das Frühbeet (siehe Kap. *Freilandgehege für Landschildkröten*) inklusive der technischen Ausstattung.
- Überführen Sie die Tiere erst ins Gehege, nachdem es fertiggestellt und auf Ausbruchsicherheit kontrolliert wurde.
  Bitte keine provisorische Lösung wählen.

Gehegebau für Schlüpflinge 1

Gehegeumrandung mit einem Holzsandkasten und Drahtgitter sorgt für einen sicheren Unterschlupf.
Ungedüngte Gartenerde wird in das kleine Freigehege für Schlüpflinge geschüttet.

Gehegebau für Schlüpflinge 2

Futterpflanzen werden in das Gehege eingebracht.

Gehegebau für Schlüpflinge 3

Beige Kalksteine, Steinplatten und eine Wasserschale komplettieren das Gehege.
Ein Holzrahmen mit bespanntem Draht schützt die Tiere vor Feinden (nicht im Bild zu sehen).

Gehegebau für Schlüpflinge 4

Gesamtansicht von Frühbeet und kleinem Freigehege.

Schlüpfling im geschützten Freigehege

Die noch geringe Größe des Panzers macht zusätzlichen Schutz z. B. gegen Vögel und Hunde notwendig. Das gelingt durch einen engmaschigen Draht, der in einen Holzrahmen eingespannt wird.

Gehegebau für Jungtiere 1

Neuanlage (Juli) eines Geheges für Jungtiere mit Frühbeet als Schutzhaus

Beton-Randsteine (Rasenstellkanten) dienen als blickdichte Umrandung. Das Frühbeet steht auf gemauerten Klinkersteinen. Das kleine Gehege ist von unten komplett mit engmaschigem Draht gesichert.

Gehegebau für Jungtiere 2

Nach ca. ½ Stunde Arbeit sollten Futterpflanzen, Versteck-, Klettermöglichkeiten und eine Wasserschale im Gehege vorhanden sein.

Die Pflanzen habe ich zuvor in Schalen vorgezogen. Nun ist das Gehege samt Frühbeet mit Wärmelampen bezugsbereit.

Gehegebau für Jungtiere 3

Nach 5 Wochen steht das Gehege bei einem Besatz von 4 Maurischen Landschildkröten (3-jährig) voller Futter. Ein Zufüttern ist nicht mehr nötig, wenn ggf. abgefressene Pflanzen durch neue ausgetauscht werden. Ein Schutz in Form eines mit Draht bespannten Holzrahmens oberhalb des Geheges ist nötig (nicht im Bild zu sehen). Dies schützt u. a vor Vögeln und eigenen Haustieren wie Hunden und Katzen.

Gehege für 4 – 5-jährige Tiere

Nach ca. 3 Jahren ist das Gehege für Schlüpflinge und Jungtiere zu klein. Die Umrandung des vorgehend abgebildeten Geheges besteht aus Beton-Randsteinen. Die Gesamtgröße beträgt 2 x 2 Meter. Eine Absicherung gegen Vögel, z. B. durch einen Holzrahmen mit Drahtbespannung, muss noch angebracht werden. Meist ist mit Erreichen einer Panzergröße vom Umfang etwa der Handfläche eines Menschen ein zusätzlicher Schutz nur noch vor anderen Tieren notwendig. Besitzer von Hunden und Katzen sollten darauf aber generell nicht verzichten.

Vereinfachte Gehegegestaltung

Zeichnung A. Dahl

Zum Abschluss dieses Kapitels sehen Sie die schematisierte Darstellung eines strukturierten Geheges. Ihnen ist sicher aufgefallen, dass hier nur eine einzige Schildkröte abgebildet ist. Das entspricht, wie Sie wissen, nicht dem Prinzip naturnaher Haltung.

Geschlechtsbestimmung

Männliche Tiere (oben) besitzen im Vergleich zu weiblichen Tieren (unten) einen längeren und an der Basis dickeren Schwanz. Größere männliche Tiere zeigen einen etwas eingewölbten Bauchpanzer, der dadurch bei der Paarung das Aufreiten erleichtert. Eine genaue Geschlechtsbestimmung ist in Abhängigkeit von Art bzw. Unterart und Entwicklung des Panzers erst in einem Alter von 4-6 Jahren eindeutig möglich.

Wenn man das Geschlecht mit ca. 4-6 Jahren eindeutig erkennen kann, ist es an der Zeit, das Geschlechtsverhältnis der Tiere (optimal: 2-3 Weibchen, 1 Männchen) ggf. zu korrigieren.
Hierbei ist es sehr wichtig, dass man stets Tiere der gleichen Altersgruppe bzw. Größe und vor allem derselben Art bzw. Unterart zusammen hält.

XI

WINTERSTARRE

Winterimpressionen im Gehege

Zu dieser Zeit befinden sich die Tiere in der Winterstarre.
Das Gehege wartet auf den Frühling.

Um ungünstige Temperaturperioden zu überbrücken, fallen Landschildkröten aus europäischen Ländern wie Griechenland, Frankreich, Italien etc. bei reduzierter Sonneneinstrahlung, veränderter Tag-Nacht-Länge und dauerhaften Temperaturen unter 12-15 °C in eine Winterstarre.

Für wechselwarme Tiere sind die Wintermonate im Ursprungshabitat sowie in Gefangenschaft zu kalt, um aktiv leben zu können. Nimmt man die Natur als Vorbild, ist es selbstverständlich, dass sich die Tiere während dieser Zeit auch bei uns in Gefangenschaft in Winterstarre befinden müssen. Durch hormonelle Steuerung sowie biotische Faktoren, aufgrund z. B. der Veränderung der Tageshelligkeit, der Tag- und Nachttemperaturen etc. sind die Tiere durch ihren Instinkt auf einen arttypischen Jahresrhythmus geprägt. Ein Aussetzen der Winterstarre unserer Tiere in Gefangenschaft ist durch den Halter zwar jederzeit möglich, wäre jedoch sehr unnatürlich. Gleichzeitig ergibt sich beim Wachhalten der Tiere bereits das erste Problem:

Die Verfügbarkeit von optimalem Futter ist – mit Ausnahme von rechtzeitig in Gewächshäusern oder Frühbeeten ausgesätem Futter – meist nicht gegeben. Oft greifen Halter dann zu ungeeignetem Futter wie Salat oder Schildkrötensticks, um den für das Tier nun wegen seiner erzwungenen Aktivitätsphase während der Wintermonate unnatürlichen Futterbedarf zu decken.
Aus der Praxis weiß ich, dass Tiere, die – wenn auch nur in den ersten Lebensjahren – während den Wintermonaten wach gehalten wurden, u. a. enorme Wachstumsprobleme haben, die nicht mehr regenerierbar sind (z. B. Höckerbildung, Verfettung der Organe).

Wenn winterwache Tiere konstant gefüttert werden, nehmen sie stark an Gewicht zu, während artgerecht überwinternde Tiere in der Winterstarre ihr Gewicht nicht oder nur geringfügig verändern. Durch artgerechte Haltung und, darin inbegriffen, eine optimale Überwinterung sind die Tiere ab dem Frühjahr wesentlich aktiver, gesünder und deutlich lebhafter als über den Winter hin wach gehaltene Landschildkröten.

Grund für diese Vitalität ist: Die Winterstarre stellt für die Tiere eine Regenerationsphase dar, die sich auf das Immunsystem sehr positiv auswirkt. Nur in Ausnahmefällen, z. B. bei Krankheit, starkem Wurmbefall, schweren Verletzungen, Unruhe des Tieres während der Überwinterung, ist ein Aussetzen oder frühzeitiges Beenden der Winterstarre notwendig und gerechtfertigt. Griechische Landschildkröten, Breitrandschildkröten sowie Vierzehenschildkröten halten arttypisch in ihrem natürlichen Lebensraum eine Winterstarre.

Halter der Maurischen Landschildkröte müssen aufgrund des großen Verbreitungsgebietes darauf achten, aus welcher Gegend die Tiere (bzw. Elterntiere) stammen. Schließlich hält die Unterart *Testudo graeca ibera* (Verbreitungsgebiete z. B. Griechenland, Türkei) in den kühlen Wintermonaten eine Winterstarre.

Eine Maurische Landschildkröte aus Tunesien *(Testudo graeca nabeulensis)* in unseren Breiten überwintern zu wollen, ist höchst gefährlich, weil diese Tiere im Herkunftsgebiet überhaupt keine Winterstarre halten.

„Übergangszeit“

Seit ich Schildkröten halte, bin ich immer wieder auf diesen Begriff gestoßen, den ich gerne einmal zum Thema machen möchte.
Viele Schildkrötenfreunde halten ihre Tiere in den Frühjahrs- und Herbstmonaten, also kurz vor bzw. nach der Winterstarre, in einem so genannten Übergangsgehege (Terrarium, große Holzkiste etc.) im eigenen Wohnraum.
Als Begründung für eine solche 'Umsiedlung' vom Freilandgehege in das Terrarium werden oft die zu kühlen Temperaturen angegeben.

Das Wort „Übergangszeit“ finde ich von der Sache her sehr schlecht gewählt. Die kühleren Temperaturen im Herbst sind ein wesentlicher Faktor zur Vorbereitung in die Winterstarre hinein. Werden nun die Tiere im Herbst kurz vor der Winterstarre ins Haus geholt, erschwert der Halter seinem Tier ungewollt die Vorbereitungsphase auf die Winterstarre.

Die Tiere müssen sich regelrecht neu zurechtfinden. Kommt es im Herbst in den Gehegen zu einer Nachtabsenkung von bis zu 10 °C, ist das für das Tier ein Hinweis auf die anstehende Winterstarre. Deswegen wäre es für eine Schildkröte beispielsweise im Terrarium bei 20 °C Zimmertemperatur nun zu warm. Der gesamte Jahresrhythmus sowie der Hormonhaushalt der Tiere wird durch das Hereinholen in die eigene Wohnung sehr durcheinandergebracht. Aus Sicht der Schildkröte stellt sich die Frage, ob denn nun der Winter schon ein so frühes Ende hat!

Die für den Halter einfachste und für das Tier zudem beste Möglichkeit ist es, sich eigenständig auf die Winterstarre vorbereiten zu lassen. Viele Schildkrötenfreunde glauben, die Tiere müssten im Herbst vor den abfallenden Temperaturen geschützt werden, indem man sie ins Haus holt.

Belassen Sie Ihre Schildkröten stattdessen in ihrem Freigehege im Schutzhaus. Regeln Sie die Temperatur unter der Wärmelampe *nur* tagsüber für mehrere Stunden auf ca. 35 °C.

Sinkt die Temperatur im Schutzhaus so stark, dass sie um die Tiere herum nur noch ca. 2 °C beträgt, schalten Sie im Schutzhaus eine Wärmematte ein, die über ein Thermostat geregelt werden kann. So halten Sie die unmittelbare Umgebung der Tiere frostfrei.

Nur über eine entsprechende technische Ausstattung ist eine genaue Temperaturregelung möglich – und eben nicht im Wohnhaus. Nur dies stellt gleichzeitig sicher, dass die Tiere auch noch bis ca. November die Möglichkeit haben, tagsüber vom Frühbeet aus ins Freie zu gelangen. Die erwähnte Technik gestattet es dem Halter, ohne großen Aufwand, den Winterstarreanfang bis weit in den Herbst hinein zu verschieben.

Für Landschildkröten ist die beschriebene Art der Vorbereitung die stressfreieste, natürlichste und damit beste Möglichkeit einer Einleitung der Winterstarre in menschlicher Obhut.

Nach der Winterstarre, die temperaturabhängig etwa im März endet, leben die Tiere dann mit Unterstützung durch die Wärmelampen wieder aktiv im Freigehege. Bei einer solch naturnahen Haltung ist es *unnötig*, Europäische Landschildkröten vor und nach der Winterstarre ins Haus zu holen.

Verlauf der Winterstarre:

'Tier-Check' durch den Halter

↓

Vorbereitungsphase

↓

Überwinterungsphase

↓

Aufwachphase

↓

Aktivität

Natürliche Vorbereitung auf die Winterstarre

Schildkröten bereiten sich nicht erst mit den ersten kühlen Tagen im Oktober auf die Winterstarre vor, sondern beginnen damit tatsächlich bereits im Sommer. Die Tiere registrieren die abnehmende Tageslänge und die Tageshelligkeit. Bei einer naturnahen Haltung im Freigehege nehmen die Tiere diese Veränderung ihrer Umweltbedingungen eigenständig wahr.

Im August steht bei meinen Tieren der Kot- und Gesundheitscheck für die Winterstarre an. Die Kotproben werden durch einen Fachtierarzt auf Würmer und andere Parasiten hin untersucht. Sollten z. B. deutlich zu viele Würmer festgestellt werden, ist eine medikamentöse Behandlung nötig. Diese dauert meist mehrere Wochen. Daher ist es wichtig, dies nicht erst im Herbst durchzuführen, da das Tier bis zur Überwinterung noch etwas Zeit benötigt, um sich von der Medikamentenbehandlung zu erholen und Medikamentenrückstände sowie abgestorbene Würmer auszuscheiden. Beachten Sie jedoch, dass nur bei einer größeren Menge an Parasiten eine Entwurmung notwendig ist und nicht schon beim Vorhandensein einzelner Würmer.

Um Kotproben von den Tieren zu erhalten, werden diese im August 10-15 Minuten in lauwarmem Wasser gebadet. Meist geben die Tiere dann nach kurzer Zeit Kot ab. Zusätzlich trinken sie Wasser oder nehmen es über die Haut auf. Der Halter sollte seine Tiere Ende September erneut baden, selbstverständlich aber den Tieren trotzdem die Möglichkeit bieten, täglich sauberes Wasser zu trinken oder darin zu baden. Eine rechtzeitige und ausreichende Wasseraufnahme ist für ein gutes Überstehen der Winterstarre wichtig. Baden dient allerdings nicht dazu – wie oft zu lesen ist – den Darm vollständig zu entleeren, sondern den Wasserhaushalt für die Winterstarre vorzubereiten. Werden die Tiere im Herbst aber zu oft durch den Halter gebadet, kann es im Frühjahr zu Problemen kommen, da zu viele Bakterien mit dem Kot herausgespült werden, die für eine Verdauung wichtig sind.

VINKE/VINKE (2004) sprechen von einer „Starterkultur“ im Darm: Eine gewisse Kotmenge mit Bakterien muss im Darm vorhanden sein, damit die im Frühjahr aufgenommene Nahrung überhaupt verdaut werden kann. Andernfalls zersetzt der Darm nicht das Futter, und die Tiere ‘verhungern’ trotz ihrer Nahrungsaufnahme.

Die eigentliche – für den Halter jetzt offensichtliche – Vorbereitung der Tiere beginnt ab September.

Fallen die Temperaturen im Schutzhaus nachts unter 15 °C, geht die Aktivität merklich zurück. Wenn etwa im Oktober Tageslänge und Tageshelligkeit deutlich abnehmen, nehmen auch die Tiere immer weniger Nahrung zu sich, bis sie im November bei dauerhaft anhaltenden Nachttemperaturen im Frühbeet von unter 10 °C gar keine Nahrung mehr aufnehmen und nur noch sporadisch Aktivität zeigen.

Baden

Das Bad vor der Winterstarre dient der Flüssigkeitsregulation. Wie oft irrtümlicherweise angenommen, soll der Darm dadurch nicht komplett entleert werden.

Vorbereitungsphase der Winterstarre

Die Tiere werden nach und nach inaktiv und ziehen sich auch tagsüber ins Laub zurück.

Bei diesen Temperaturen benötigen die Tiere tagsüber weiterhin zusätzliche Wärme durch Strahler etc., damit auch jetzt noch mindestens stundenweise eine Körpertemperatur von ca. 35 °C gewährleistet bleibt. Nur so kann der Stoffwechsel weiterhin ablaufen. Auch im natürlichen Habitat sonnen sich die Tiere an schönen Herbsttagen noch für wenige Stunden und nehmen auch noch etwas Nahrung zu sich. Entsprechend dem Aktivitätsverhalten der Tiere bleiben die Strahlerlampen bis ca. Anfang November angeschaltet, um in den Frühbeeten die oben genannte Temperatur von 9-15 Uhr zu gewährleisten.

Meine Aufzeichnungen zur Winterstarrevorbereitung belegen, dass Mitte Oktober bis Anfang November die Temperaturen auffällig oft unter 10 °C fallen. Bei diesen kühlen Temperaturen würden die Tiere bei uns schnell in die Winterstarre fallen. Wenn wir diesen Zeitpunkt durch Beheizen der Frühbeete oder Gewächshäuser etwas verzögern können, werden die Tiere noch Anfang bis Mitte November über aktiv sein. Dies habe ich in den letzten Jahren erfolgreich durchgeführt. Meine Tiere fressen durch das am Tage stundenweise Beheizen der Frühbeete und Gewächshäuser noch im November und sind weiterhin – wenn auch eingeschränkt – aktiv.
Andere Halter berichten mir, dass sich deren Tiere – ohne zusätzliche Ausstattung mit einem Frühbeet oder Gewächshaus sowie entsprechenden Wärmestrahlern – bereits Anfang September vergraben und nicht mehr aus der Erde kommen. Diese Tiere verbringen so nun eine zu unnatürlich lange Zeit in der Winterstarre.
Bitte holen Sie Ihre Tiere auch während der Winterstarrevorbereitung nicht ins Haus. Oft denkt der Halter, dass es den Tieren draußen im Herbst zu kalt ist. Solange die Tiere im Herbst mit zusätzlichen Strahlern im Frühbeet oder Gewächshaus gehalten werden und keinen Frost empfinden, besteht keine Gefahr.
Beachten Sie: Europäische Landschildkröten benötigen zur Vorbereitung auf die Winterstarre gerade solche kühleren Nachttemperaturen.
Wenn sich die Tiere tagsüber im Frühbeet über mehrere Tage hinweg nicht mehr aus der Erde ausgraben, werden die Wärmelampen komplett ausgeschaltet. Dies geschieht in meinen Frühbeeten erfahrungsgemäß Mitte bis Ende November.

Durch den Temperaturpuffer in der Erde der Schutzhäuser ist ein zusätzliches Beheizen selbst bei Außentemperaturen um die 0 °C nicht nötig. Nur bei dauerhaften Minusgraden wird die Heizmatte eingeschaltet, wenn also die Temperatur bei den Tieren im Schutzhaus unter ca. 2-3 °C sinkt und ein weiteres Temperaturgefälle zu erwarten ist.

Kontrollieren Sie stets, dort, wo die Schildkröte sich eingegraben hat, die Temperatur der sie umgebenden Erde, z. B. mit Hilfe eines Bratenthermometers, welches vorsichtig neben das Tier gesteckt wird, oder eines digitalen Thermometers mit externem Fühler. Halten Sie das Thermometer so nah wie möglich an das Tier. Achten Sie darauf, dass sich während der Überwinterungszeit die Position des Tieres in der Erde nicht wesentlich verändert.

Die Winterstarretemperatur sollte möglichst konstant bei ca. 4-6 °C liegen.

Im Laub vergraben

Gegen November vergraben sich die Tiere in den Schutzhütten in der ungedüngten Gartenerde. Das Laub wurde zu Dokumentationszwecken beiseite geschoben.

Winterstarrevorbereitung in der Wohnung

In meinem ersten Landschildkröten-Buch habe ich die Winterstarrevorbereitung im Terrarium bewusst weggelassen, da ich sie für nicht artgerecht halte. Bei dieser Haltung gelangt die natürliche Änderung von Tageslänge, Tageshelligkeit und Temperaturen nicht bis zu den Tieren. Diese Abweichung von den natürlichen Umgebungsbedingungen wird dann besonders stark, wenn das Terrarium dort aufgestellt wird, wo ohnehin wenig natürliches Licht verfügbar ist.

Bei der Winterstarrevorbereitung in der Wohnung gilt ganz grundsätzlich:
Es gestaltet sich für den Halter als äußerst aufwendig und kompliziert, die in der Natur von Mitte September bis November durchschnittlich herrschenden Licht- und Wärmeverhältnisse nachzustellen. Führt man die Winterstarrevorbereitung aber in der Wohnung durch, ist eine Annäherung daran so weit als möglich unumgänglich. Dennoch ist eine Vorbereitung auf die Winterzeit durch ein Ins-Haus-Holen entgegen einer naturnahen Lebensweise für die Tiere mit erheblichem Stress verbunden. Das sollten Sie nach Möglichkeit vermeiden.

Um eine 'Notlösung' geben zu können, wie man in besonderen Situationen seine Tiere in die Winterstarre bringt, habe ich eine Anleitung für eine Winterstarrevorbereitung in der Wohnung erstellt. Damit können Schildkrötenhalter in Ausnahmesituationen ihren Tieren dennoch eine Winterstarre in der Wohnung ermöglichen.
Solch eine Vorbereitung im Haus kann z. B. durch Umzug, oder jahreszeitlich ungünstigen Kauf im Herbst oder auch nach einer tierärztlichen Behandlung, die den Winterstarrebeginn verzögert, nötig sein. Solche Situationen sollten aber nicht dazu führen, Tiere, die sonst im Garten leben, zur Winterstarrevorbereitung ins Haus zu holen!

Wichtig ist, dass man schon für die Winterstarrevorbereitung im Haus einen kühlen und zugleich hellen Standort benutzt. Dies kann z. B. ein leerstehendes Zimmer sein, in dem man die Heizung ausgeschaltet lassen und dessen Fenster ggf. nachts geöffnet werden kann.

Winterstarrevorbereitung in der Wohnung innerhalb von 24 Tagen

1. bis 11. Tag:	■ Wärmelampen nur noch von 9-13 Uhr anschalten (mit abnehmender Tendenz) ■ keine Wärmematten, kein Futter ■ in diesen 11 Tagen ein Mal baden ■ Gewicht ein Mal notieren ■ täglich frisches Wasser anbieten ■ ca. 20 °C am Tag (unter der Lampe ca. 35 °C), ideal sind 8-10 °C in der Nacht
12. bis 21. Tag:	■ keine Wärmelampen, kein Futter ■ in dieser Zeit ein Mal baden ■ immer frisches Wasser anbieten ■ ca. 18 °C am Tag, ideal sind 8-10 °C in der Nacht
22. bis 23. Tag:	■ Schildkröten in einem Plastikbehälter mit ungedüngter Gartenerde und Laub in einen 8-10 °C kalten und dunklen Raum stellen ■ Gewicht notieren
24. Tag:	■ Mit dem 24. Tag endet die Winterstarrevorbereitung. ■ Bringen Sie die Tiere jetzt an ihren endgültigen Überwinterungsort. Das kann eine „Überwinterungskiste“ (Sprachgebrauch der Fachleute) mit ungedüngter Gartenerde und Laub sein, die an einem 4-5 °C kühlen Ort, z. B. Keller, Zusatzkühlschrank, abgestellt wird. ■ Halten Sie das Laub während der Winterstarre immer leicht feucht.

Überwinterungstemperatur und Dauer der Winterstarre

Vor allem die Temperatur ist der wichtigste Faktor während der Winterstarre, auch wenn ein exakter Wert nur beispielhaft festgelegt werden kann. Nehmen wir wieder die Natur als Vorbild, können wir selbst innerhalb eines relativ geringen Verbreitungsgebietes von Schildkröten große Temperaturdifferenzen feststellen. So nennt WEGEHAUPT (2006) für Griechenland z. B. lokal stark variierende Überwinterungstemperaturen mit daraus resultierender unterschiedlicher Überwinterungsdauer. Da die wenigsten Schildkrötenhalter den Tieren ihr ursprüngliches Vorkommensgebiet genau zuordnen können, müssen wir Näherungswerte für eine Überwinterung finden. VINKE/VINKE (2004) geben die optimale Überwinterungstemperatur bei 2-6 °C an bzw. empfehlen einen Temperaturbereich von 4-6 °C. Uns Schildkrötenhaltern bleibt also nur ein solcher Kompromiss, der die Überwinterungstemperatur sowie die Überwinterungsdauer als Richtwert angibt. Seit Jahren habe ich positive Erfahrungen mit der Kühlschranküberwinterung bei einer Temperatur von 4-5 °C gemacht. Im natürlichen Habitat verbringen die Tiere ihre Winterstarre etwa von November bis März. Im Habitat schwankt die Temperatur leicht, teilweise wachen die Tiere in den milden Wintermonaten auf und sonnen sich tagsüber für wenige Stunden. Die Natur sorgt aber gleichzeitig auch dafür, dass nun bereits Futter zur Verfügung steht.

Winterstarretemperatur

Die ideale Winterstarretemperatur liegt bei 4-5 °C.

So beschreibt WEGEHAUPT (2006), dass das zwischenzeitliches Aufwachen sowie die Futteraufnahme im *natürlichen Verbreitungsgebiet* für die Tiere keinesfalls gefährlich sind. Dieser Sachverhalt bestätigt meine Auffassung, dass Schildkröten auch mit geringen Futterresten im Darm überwintern können.
Es ist also nicht nötig, wie bereits im Kapitel *Irrtümer in der Schildkrötenhaltung* beschrieben, dass man die Tiere im Herbst komplett 'leerbadet'.
WEGEHAUPT betont ausdrücklich, dass Schildkröten nur im Ursprungshabitat während der Winterzeit kurzzeitig aktiv sind. Deswegen versuche ich, meine Tiere möglichst durchgehend schlafen zu lassen, und zwar bei konstant kühlen Temperaturen.
Die Temperaturen sind während der Winterstarre ständig zu überprüfen. Beim Messen der Temperatur benutze ich zwei digitale Thermometer mit externem Temperaturfühler, die direkt bei den Tieren platziert werden, um Messdifferenzen schnell zu erkennen. Sogar die in der Küche gebräuchlichen Bratenthermometer finden bei meiner Schildkrötenhaltung Verwendung, da sie mir die genaue Erdtemperatur der Gehege, der Frühbeete und der Überwinterungskisten im Kühlschrank zeigen. Zudem sind die Bratenthermometer sehr robust und günstig in der Anschaffung.
Auch so genannte Laser-Thermometer sind für unsere Zwecke bestens geeignet, da sie ein punktuelles Messen der Temperatur ermöglichen. So kann man zum Beispiel die verschiedenen Zonen unter den Wärmelampen messen oder während der Winterstarre einzelne Bereiche innerhalb weniger Sekunden überprüfen.

Verschiedene Möglichkeiten der Überwinterung

Die bekannteste Methode ist die Überwinterung im Keller. In der Zeit der Massenimporte von Anfang der 50er bis Mitte der 80er Jahre des letzten Jahrhunderts verbrachten viele Tiere die Wintermonate in Gewölbekellern, mit feuchten Wänden und Lehmböden sowie konstant kühlen Temperaturen, was gute Voraussetzungen für eine optimale Winterstarre bot. Diese kühlen und feuchten Überwinterungsorte sind allerdings mittlerweile in den wenigsten Häusern anzutreffen.

Heutzutage werden ausgebaute Kellerräume in Neubauten wärmetechnisch so gut gedämmt, dass sie für eine optimale Überwinterung nicht mehr in Frage kommen, da die Kellertemperatur meist zu warm und die Räume zu trocken sind.
Ich möchte im Folgenden die Frage stellen, welche Orte sich für die Winterstarre eignen und welche nicht oder weniger, dies auf der Grundlage meiner eigenen Erfahrungen und der von anderen Schildkrötenhaltern. Dazu zunächst eine Übersicht:

- Garage/Schuppen: – schwierig,
- Wohnung: – – nicht möglich,
- Freiland: + geeignet,
- Kühlschrank: + + besonders für Anfänger geeignet.

Tiere, die in der Garage oder in einem Schuppen überwintert werden, sind ständig Temperaturschwankungen ausgesetzt. Im Herbst musste ich an diesen Überwinterungsplätzen feststellen, dass die Temperatur mit über 10 °C, teilweise sogar 15 °C, zu hoch ist und somit keine Ruhephase eingeleitet werden kann. Beim ersten Frost fielen hingegen die Temperaturen an diesen Orten zum Teil unter die Null-Grad-Grenze, sodass ein zusätzliches Beheizen dieser Überwinterungsplätze nötig gewesen wäre.
Mit in gleicher Weise ungünstigen Temperaturen muss man auch in einem unbeheizten Wohnraum, Kellerraum oder Speicher rechnen, aber auch bei der unkontrollierten Freilandüberwinterung, wenn die Tiere keinen relativ geschützten Platz (Frühbeet oder Gewächshaus) im Garten aufsuchen können. Wegen der in unseren Häusern üblicherweise ganzjährig herrschenden relativen Wärme ist die Kühlschrank-Übewinterung immer beliebter geworden und hat sich bewährt. Ich empfehle insbesondere weniger erfahrenen Schildkrötenfreunden, einen zusätzlichen Kühlschrank für ihre Tiere bereitzuhalten. Temperatur und Substratfeuchtigkeit sind so optimal zu regulieren. Der Halter kann dadurch die Überwinterung problemlos überwachen. Selbstverständlich muss die Kühlschranktür ein- bis zweimal in der Woche für ca. ½ Minute geöffnet werden, damit ein Luftaustausch stattfinden kann.

Bei mehreren großen Tieren ist es notwendig, den Standardkühlschrank durch einen größeren zu ersetzen, da nur dort 3-5 ausgewachsene Tiere überwintert werden können. Um die Temperatur im Kühlschrank konstant zu halten, stelle ich mit Wasser gefüllte Plastikflaschen in den Kühlschrank oder lege sie zwischen die Überwinterungskisten. Das Wasser wirkt in diesem Fall als 'Puffer', der die Kühlschranktemperatur nicht so sehr schwanken lässt. Eine tägliche Temperaturkontrolle halte ich besonders bei älteren Geräten für sehr wichtig, da die Temperaturen durch einen möglicherweise auftretenden Defekt so stark schwanken können, dass es für die Tiere gefährlich wird. Eine natürliche jedoch für den Halter aufwendigere Methode ist die Überwinterung im Schutzhaus. Ich führe sie seit Jahren mit besten Erfahrungen durch. Meine Tiere überwintern von etwa November bis März in Frühbeeten oder Gewächshäusern. Voraussetzung ist allerdings ein gut isoliertes Fundament, damit die schlafenden Tiere nicht erfrieren. Trotz teilweise recht warmer Winter sollte immer eine Heizmöglichkeit im Schutzhaus vorhanden sein, damit bei länger anhaltenden starken Frostperioden die Möglichkeit besteht, die Temperatur zu erhöhen. Allerdings ist eine Kontrolle im Frühbeet schwieriger als im Kühlschrank, da man diesen schnee- und wetterunabhängig überprüfen kann. Nicht nur zu kühle Temperaturen sind im Schutzhaus zu berücksichtigen, sondern auch anhaltende Wärmeperioden, vor denen die Tiere z. B. durch Schattierung (Abdeckung) der Plexiglasplatten möglichst geschützt werden müssen.

Kühlschrank zur Überwinterung

Ein Standardkühlschrank kann das Winterquartier für Europäische Landschildkröten sein. Temperaturkontrollen und ein regelmäßiger Luftaustausch sind sehr wichtig.

Unabhängig vom Überwinterungsort ist es sehr wichtig, den Tieren einen absolut sicheren Schutz vor Feinden (Ratten, Mäuse, Marder etc.) zu bieten. Wie erwähnt sind dazu engmaschige Drahtgitter eine gute Möglichkeit. Im Folgenden werden die Kühlschrank- und die kontrollierte Freilandüberwinterung im Frühbeet oder Gewächshaus gegenübergestellt.

Kühlschrank-überwinterung	Freilandüberwinterung im Schutzhaus
■ für den Halter sehr gute Kontroll- und Überwachungsmöglichkeit	■ wenig Kontroll- und Überwachungsmöglichkeit
■ optimale Einstellung der Temperatur und der Substratfeuchte	■ Tiere sind natürlichen Temperaturschwankungen ausgesetzt
■ nur bei wenigen Tieren sinnvoll	■ Frostgefahr muss durch Technik ausgeglichen werden
■ leichte Durchführung für den Halter	■ nahezu unbegrenzter Platz
■ Gefahr bei Stromausfall sowie defekten Geräten!	■ erfordert anfangs viel Arbeit und Routine
	■ Schutz vor Räubern (Ratten, Mäuse, Marder etc.) muss gewährleistet sein.

Überwinterungssubstrat und -behältnisse

Seit Jahren hat sich der Einsatz von Gartenerde und Laub als Überwinterungssubstrat bewährt. Alternativ kann man ungedüngte Blumenerde verwenden, selbstverständlich ohne Styroporkugeln oder sonstige Zusätze, die beispielsweise in Gartencentern erhältlich ist. Im Herbst sammele ich Laub, das getrocknet werden muss, damit es zu keiner Schimmelbildung kommt. Werden die Frühbeete oder Überwinterungskisten für den Kühlschrank mit der eigenen ungedüngten Gartenerde und dem trockenen Buchen- oder Birkenlaub befüllt, befeuchte ich das Laub mit einer Gießkanne oder mit einem Wasserzerstäuber.

Verwenden Sie kühles Wasser zum Besprühen des Substrats, das dieselbe Temperatur hat wie die Überwinterungstemperatur, um die Tiere nicht aufzuwecken. Genügend Substratfeuchte ist während der Überwinterung sehr wichtig, da die Tiere während dieser Zeit Flüssigkeit nur über die Haut aufnehmen können. Schenkt man dieser Notwendigkeit keine Beachtung, könnten die Tiere während der Winterstarre regelrecht vertrocknen. Einzige Ausnahme davon bei den Europäischen Landschildkröten ist die Vierzehenschildkröte, die in trockenen Gebieten überwintert, z. B. in trockenen Steppen.

Auch Sphagnum-Moos findet während der Winterstarre Verwendung. Vor allem bei meinen Schlüpflingen nutze ich dieses Moos sehr gerne, da sich die kleinen Tiere dort besser eingraben können als in normalem Laub. Meine Tiere schlafen in den Schutzhütten, eingegraben in lockere, gut durchlüftete, ungedüngte Gartenerde und sind von Laub bedeckt.

Frühbeet mit Schattierung im Winter

Sollen die Tiere ihre Winterstarre im Schutzhaus verbringen, montiere ich Ende November eine Schattierung (Strohmatten) auf das Frühbeet, also dann, wenn die Tiere sich dauerhaft in die Erde eingegraben haben. Das verhindert ein Aufwärmen durch Sonneneinstrahlung. Mitte März werden die Matten wieder entfernt, sodass die Tiere eigenständig aufwachen können.

Diejenigen Tiere, die im Kühlschrank schlafen, sitzen in so genannten Stapelkisten in einer ca. 10 cm hohen Schicht Gartenerde. Darüber fülle ich das Laub bis zum Rand auf. Diese so befüllten Plastikkisten werden im Kühlschrank auf die einzelnen Fächer gestellt und lassen sich nach der Winterstarre bequem saubermachen. Größere Tiere mit über 15 cm Panzerlänge überwintern einzeln in der Kiste, kleinere Tiere und Schlüpflinge werden ihrer Größe und Unterart entsprechend zueinander gesetzt.

Zur Beachtung

Auch wenn die Tiere beinahe den kompletten Winter über schlafen, muss sich der Halter in dieser Zeit dennoch um sie kümmern. Besonders während der Vorbereitungszeit, der Aufwach- und der Aktivphase ist besonderes Augenmerk auf den Gesundheitszustand (z. B. Nase, Augen, Maul, Haut, Panzer, Kot) zu richten. Auch während der Winterstarre muss das Gewicht der Tiere regelmäßig kontrolliert werden. Gleichzeitig achten Sie bitte auf Temperatur und Substratfeuchte. Die Substratfeuchte kontrolliere ich einmal pro Woche. Dazu fasse ich mit einer Hand in das Laub. Raschelt es, ist es zu trocken und muss z. B. mit einem Wasserzerstäuber nachgefeuchtet werden. Ich besprühe nur die oberen Laubschichten, damit sich das Wasser leicht im Laub verteilen kann und es nicht zu einer Staunässe beim Tier kommt.

Extreme Verhältnisse wie zu warme (über 8 °C) oder zu kalte Überwinterungen (unter 2 °C) sowie zu trockenes oder zu feuchtes Substrat sind zu vermeiden. Wenn möglich, sollte man die Temperaturen am fertiggestellten Überwinterungsort, z. B. Frühbeet oder Keller, längere Zeit in einem 'Testlauf', d.h. ohne die Tiere, überwachen.

Achten Sie bei der Überwinterung darauf, dass die Tiere ruhig im Substrat schlafen. Sitzt eine Schildkröte auf dem Laub, kontrollieren Sie das Tier und legen es wieder ins Laub zurück, wenn das Tier nicht zu viel Gewicht verloren hat und es einen gesunden Eindruck macht. Sitzt sie erneut oben auf, könnte die Temperatur zu hoch oder das Tier krank sein. In letzterem Fall ist es wichtig, das Tier auszuwintern und es sofort einem schildkrötenerfahrenen Tierarzt vorzustellen.

Leichte 'Positionsänderungen' während der Winterstarre sind allerdings in Ordnung. Ich empfehle ein Wiegen während der Winterstarre nach jeweils 4-6 Wochen, da das Gewicht viel über den Gesundheitszustand aussagen kann. Beim Wiegen wird gleichzeitig der Allgemeinzustand betrachtet.

In den letzten Jahren bin ich davon ausgegangen, dass Europäische Landschildkröten während der Überwinterungszeit höchstens 10 % ihres Gewichts verlieren dürfen. An diesem Wert orientierte ich mich damals. Durch eine optimale Substratfeuchte (einzige Ausnahme, wie gesagt: Vierzehenschildkröten werden trocken überwintert) und eine konstant kühle Überwinterungstemperatur betrug die Gewichtsabnahme meiner Tiere jedoch nicht einmal 5 %.

Das bedeutete wegen der relativ geringen Gewichtsabnahme einen guten Verlauf der Winterstarre. Der genannte Wert stimmt genau mit dem überein, was VINKE/VINKE (2004) als einen vertretbaren Gewichtsverlust während der Winterstarre angeben. Mit ihnen gehe ich jetzt davon aus, dass dies tatsächlich ein sehr gut vertretbarer Wert ist. Sollten die Tiere erkennbar mehr als 5 % ihres Gewichts verlieren gemessen ab dem ersten Tag der Überwinterung, ist ein Abbruch der Winterstarre durch den Halter notwendig. Nach meiner festen Überzeugung kann eine optimale Überwinterung nur dann gelingen, es mag ein wenig paradox erscheinen, wenn sie bereits durch eine artgerechte Haltung im Sommer vorbereitet wird.

Bei guter Vorbereitung auf die Winterstarre nehmen die Tiere tatsächlich kaum an Gewicht ab, wenn man, wie gesagt, Temperatur und Substratfeuchte beachtet.

Wiegevorgang während der Winterstarre

Zur Kontrolle werden die Tiere kurz in die Hand genommen und gewogen.

Achtung: Bei längerem Kontakt lassen warme Hände das Tier aufwachen!

Sollten Ihre Tiere einmal mehr als 5 % ihres Gewichts während der Winterstarre verlieren, überprüfen Sie bitte spätestens nun die beiden genannten Faktoren. Müssen die Tiere infolge eines Gewichtsverlusts aber ausgewintert werden, ist es wichtig, den Grund für die Gewichtsabnahme festzustellen.
Bei kleinen Tieren (Jungtieren und Schlüpflingen) ist das genaue Ermitteln der Gewichtsabnahme während der Winterstarre sehr schwierig, da es aufgrund ihres ohnehin geringen Gewichts zu Ungenauigkeiten beim Wiegen kommen kann.
Beispiel: Bei einem Schlüpfling mit einem Gewicht von 18 g würden 5 % Gewichtsabnahme 0,9 g bedeuten. In diesem Fall würde ich die 10-Prozent-Grenze annehmen und 1,8 g (bzw. 2 g) Toleranz akzeptieren. Nutzen Sie am besten eine Digital-Waage, die auch bei geringem Gewicht sehr genau misst.

Tod während der Winterstarre

Warum haben viele Halter regelrecht Angst vor der Winterstarre ihrer Tiere? Nach meiner Meinung liegt das an den genannten Importzeiten, als sehr viele Schildkröten ihre erste Winterstarre nicht überlebt haben. Wie gesagt: Eine ausreichende Kenntnis zur Haltung der damals als 'pflegeleicht' eingestuften Tiere war kaum vorhanden. Viele Tiere überlebten die ersten Monate nach dem Import in Gefangenschaft nicht, oder viele der zunächst noch lebenden und scheinbar robusten Tiere starben bereits im ersten Winter.
Ich habe Schildkrötenhalter, die damals ihre Tiere in der Winterstarre verloren haben, nach den Überwinterungsbedingungen gefragt. Oft machte man sich keinerlei Gedanken, schickte die Tiere in einer Kiste im Schlafzimmer in die Winterstarre, oder sie mussten bei zu warmen Kellertemperaturen und in viel zu trockenem Laub schlafen. Oft fand man im Frühjahr die Tiere völlig vertrocknet bzw. nur noch den übriggebliebenen Panzer wieder. Durch schlechte Haltung im Sommer und eine mangelnde Vorbereitung auf die Winterstarre sowie eine falsche Überwinterung starben viele Tiere.
Diese Angst um ein mögliches Sterben der Tiere während der Winterstarre ist wohl heute noch in den Köpfen vieler Schildkrötenhalter. Ich kann Ihnen aber versichern:

Tiere, die im Sommer artgerecht gehalten, im Herbst langsam auf die bevorstehende Winterstarre vorbereitet werden und die Wintermonate bei optimalen Bedingungen verbringen, überstehen diese Ruhephase ohne Probleme. Schließlich gibt dies die Natur seit Jahrmillionen vor!

Was tun bei einer auftretenden Krankheit?

Wenn ein Tier während der Winterstarre erkrankt (Nasenausfluss, eingefallene Augen, zu starke Gewichtsabnahme) ist es notwendig, das Tier vorzeitig auszuwintern, da das Immunsystem und verlangsamte Stoffwechselvorgänge die Krankheitsanfälligkeit deutlich erhöhen. Das allmähliche Ansteigen der Temperatur ist bei der Auswinterung – wie bei der Vorbereitung zur Winterstarre – sehr wichtig. Schließlich muss das Tier von ca. 5 °C auf später über 30 °C erwärmt werden.

Erkundigen Sie sich spätestens jetzt nach einem Tierarzt, der ausreichend Erfahrung mit der Behandlung von Schildkröten hat. Fragen Sie ihn vorab, ob das Tier bereits aufgeweckt und unter eine Wärmelampe gesetzt, oder ob es im inaktiven Zustand in die Praxis gebracht werden soll. Während dieser Aufwachphase halten Sie das Substrat stets feucht, da das Tier nur darüber Flüssigkeit aufnehmen kann. Ab dem dritten Tag sollte eine Trink- bzw. Bademöglichkeit vorhanden sein und Futter angeboten werden.

Übersicht zur frühzeitigen Auswinterung

1. Tag:	bis 10 °C, z. B. Kühlschrank ausschalten oder Behälter mit dem Tier in einen kalten Raum überführen
2. Tag:	bis 15 °C, z. B. Behälter in einen unbeheizten Raum stellen
3. Tag:	tagsüber bis 20 °C, z. B. großes Zimmerterrarium, Wärmelampen von 9-15 Uhr anschalten, Temperatur unter der Lampe 35-40 °C

Damit das Tier seine Stoffwechselaktivität aufnehmen kann, sind die Wärmelampen von 9-15 Uhr anzuschalten. Im Freiland ist die Pflege von kranken Tieren zur Winterzeit nur sehr schlecht möglich. Nur in diesem speziellen Fall rate ich zum Zimmerterrarium – aber eben nur während der Krankheitspflege. In der Wohnung ist die Möglichkeit zur kontinuierlichen Beobachtung des Tieres, Medikamentengabe etc. besser gegeben als im Freigehege. Eine große Holzkiste (ca. 2 m Länge, 1½ m Breite, entsprechende Höhe), die man in einem kühlen und trotzdem hellen Zimmer aufstellt, ist hierzu gut geeignet. So steht dem Tier viel mehr Platz zur Verfügung als in einem kleinen Glasterrarium. Ist das Tier wieder gesund, kann man es Ende März oder Anfang April in das tagsüber beheizbare Frühbeet mit integriertem Freigehege überführen.

Nach der Winterstarre

In den letzten Jahren habe ich festgestellt, dass es um den 15. März herum Tage gibt, an denen bei uns in Hessen ein deutlicher Temperaturanstieg zu verzeichnen war. Wird erkennbar, dass die Temperaturen absehbar für mehrere Tage die 15-Grad-Marke überschreiten, so werden die Tiere ausgewintert. Ist diese Außentemperatur erreicht, setze ich die Schildkröten, die im Kühlschrank überwintert haben, in die Erde des Frühbeets und bedecke sie mit Laub. Dies erledige ich meist bei Sonnenuntergang, damit die Tiere noch einmal die Nacht über kalt im Substrat liegen und an den folgenden Tagen merken, dass Wärme und Licht zunehmen.

Die Schildkröten beenden die Winterstarre meist nach wenigen Tagen und kommen im Schutzhaus aus der Erde hervor.

Diejenigen Tiere, die den ganzen Winter über im Frühbeet geschlafen haben, registrieren den Temperaturanstieg selbst und wintern sich eigenständig aus.

Ich entferne lediglich die Schattierung auf den Plexiglasplatten des Frühbeets, damit die natürliche Tageshelligkeit ins Frühbeet gelangt, sich das Substrat erwärmt und diese Wärme an die Schildkröten abgibt.

Das Aufwachen im Frühbeet dauert erfahrungsgemäß etwas länger als die Auswinterung aus dem Kühlschrank, da sich der Boden um die im Schutzhaus schlafenden Tiere nur langsam erwärmt.

Schildkröten kommen nicht alle zum gleichen Zeitpunkt aus der Winterstarre. Der Abstand zwischen dem ersten und letzten Tier kann durchaus 14 Tage betragen. Ich habe beobachtet, dass meine männlichen Tiere die Winterstarre in der Regel eher beenden als die Weibchen.
Die Wärmelampen werden von 9-15 Uhr angeschaltet, und zwar sobald das erste der Tiere aus dem Laub hervorkommt. Sofort kontrolliere ich Nase, Augen, Kloake, Haut und Panzer. Die aufgewachten Tiere werden gewogen und in der ersten Woche einmal in warmem Wasser gebadet, damit sie ihren Flüssigkeitsbedarf wieder auffüllen können. Anschließend setze ich sie wieder ins Schutzhaus.
Spätestens nach einer Woche verlassen die Schildkröten tagsüber das Schutzhaus und beginnen, im Gehege zu fressen. Damit sich die Tiere eigenständig ernähren können, halte ich es für sehr wichtig, dass die Schildkröten sofort nach der Winterstarre jederzeit die Möglichkeit haben, vom Frühbeet aus in das Gehege zu gelangen. Ich überprüfe abends, ob sich alle Tiere in den Schutzhäusern befinden. Manche Tiere finden für die Nacht nicht den Weg ins Schutzhaus zurück, sondern bleiben im Freigehege, weil aufgrund wieder kälterer Außentemperaturen ihre Aktivitätsmöglichkeiten eingeschränkt sind.

Diese Tiere setze ich abends aus dem Gehege zurück in die Schutzhäuser. Dann schließe ich die Türchen der Frühbeete oder Gewächshäuser.

Ende der Winterstarre

Diese Vierzehen-Schildkröte hat die Winterstarre im Frühbeet eigenständig beendet. Wärmelampen werden nun tagsüber stundenweise angeschaltet.

XII
IRRTÜMER
IN DER
SCHILDKRÖTEN-
HALTUNG

Im Laufe der Zeit bin ich auf einige Ansichten gestoßen, deren Umsetzung der Gesundheit des Tieres schaden kann. Neben Fehlinformationen allgemeiner Art, z. B. über ungeeignetes Futter (vgl. Kap. *Naturnahe Ernährung durch Futterpflanzen*), möchte ich jetzt gezielt Punkte nennen, die ich zu wirklich gravierenden Irrtümern in der Schildkrötenhaltung zähle.

Öl als Panzerpflege

Landschildkröten nutzen in ihrem Ursprungshabitat z. B. Lavendelsträucher als Panzerpflege. Pflanzen Sie deswegen auch Lavendel in das Freigehege. Lassen Sie die Tiere dann den Lavendel selbstständig aufsuchen. Verwenden Sie jedoch niemals Sonnenblumenöl, Melkfett oder dgl. Das alles kann die Poren des Panzers verstopfen und fördert so einen Pilzbefall unter der vermeintlich zusätzlichen Schutzschicht.

Loch im Panzer

Besonders ältere Tiere zeigen oft ein 0,5 cm großes Loch im hinteren Bereich des Panzers, und zwar in der Nähe der Beine. Zu den schon häufiger erwähnten Importzeiten wurde es offenbar überhaupt nicht als problematisch angesehen, eine Landschildkröte mittels eines Seils an einem Holzpfahl anzubinden.

Dass der Panzer mit Nervenbahnen durchzogen und sehr schmerzempfindlich ist, wusste man entweder nicht, oder man wollte es nicht wissen. Ebenso wenig spielten die Schmerzen eine Rolle, die beim Bohren entstehen oder durch Entzündungen oder gar Panzernekrosen (teilweises Absterben des Panzers), die nach dieser Prozedur auftraten, hervorgerufen wurden.

Es beunruhigt mich sehr, dass auch heute noch aus Unwissenheit zur Bohrmaschine gegriffen wird, um den Tieren auf solch grausame Weise ein Loch in den Panzer zu bohren. Viele solcher Ausbohrungen sind damals durch den Zug des Seils ausgebrochen.

Oft ist der Panzer an der betreffenden Stelle sogar ausgerissen. Aus heutiger Sicht muss dies als Tierquälerei in höchster Form bezeichnet werden.

Lebensdauer bedeutet Erfolg der Haltung

Ein langes Überleben in Gefangenschaft ist kein Indiz dafür, dass es den Tieren auch wirklich gutgeht. „Ich halte meine Landschildkröte schon seit über 10 Jahren so." Eine solche Behauptung zum Zwecke des Nachweises artgerechter und kundiger Haltung sollte kritisch betrachtet werden. Für Schildkröten, die in ihrem Ursprungshabitat leben, ist eine lange Lebensdauer sehr wahrscheinlich ein Nachweis für ihr Wohlbefinden. In Gefangenschaft aber können auch über Jahrzehnte schlecht gehaltene Tiere sehr alt werden, da die Tiere Schmerzen erst zeigen, wenn die Erkrankung ein fortgeschrittenes Stadium erreicht hat.

Tierquälerei

Früher wurde den Tieren oft ein Loch in den Panzer gebohrt – eine Praxis, die beklagenswerter Weise noch nicht der Vergangenheit angehört.

Winterstarre

In Bezug auf die Winterstarre treten vermehrt Fehlinformationen auf.
Richtig ist:
Die natürlich verlaufende Winterstarre fördert das Immunsystem und die Fortpflanzungsfähigkeit. Der Umkehrschluss, man könne ein Aussetzen der Winterstarre vornehmen, wenn man keine Nachzuchten erhalten oder wenn man nur ein einzelnes Tier halten wolle, ist dagegen eindeutig falsch. Europäische Landschildkröten brauchen ihre Winterstarre, zumal dann, wenn sie naturnah gehalten werden sollen.

Ebenso falsch ist die Aussage: „Schlüpflinge und Jungtiere dürfen nicht überwintert werden, weil sie für den Winterschlaf zu wenig Gewicht haben."
Kleine Schildkröten sind keine Igel. Sie müssen sich keinen 'Winterspeck' anfressen. Es ist notwendig, auch Jungtiere bzw. nur wenige Gramm schwere und gesunde Schlüpflinge noch im Schlupfjahr zu überwintern, wie es die Natur seit Jahrmillionen vorsieht.

Schlüpfling oder Jungtier: Auch diese müssen überwintern.

Ein dritter Irrtum dieser Art, den man bis heute in Fachbüchern findet:
Man solle den Tieren nach der Winterstarre Kochsalz oder Vitamintropfen ins Trinkwasser geben, damit sie ihren in der Winterstarre aus dem Gleichgewicht geratenen Nährstoffhausha t ausgleichen.
Bitte setzten Sie dem Trink- oder Badewasser keinerlei Zusatzstoffe, wie z. B. Kochsalz oder Vitamintropfen, zu.

Meine Begründung:
Der Nährstoffbedarf der Tiere ist gleichzeitig hochkomplex, als Menge betrachtet aber äußerst geringfügig. Deswegen rate ich von jedweder Fremdeinwirkung auf die Nährstoffregulierung von Schildkröten dringend ab.
Überlassen Sie die Nährstcffaufnahme den Tieren selbst, indem Sie eine naturnahe Futterversorgung im Freigehege sicherstellen.
Der einzige natürliche Zusatzstoff, den Sie Ihren Tieren geben können, ist Kamille in Form eines Bades. Das hat sich nach meiner Erfahrung bei verschiedenen Erkrankungen bewährt (vgl. Kap. *Gesunde Schildkröten)*.

Baden

Zu häufiges Zwangsbaden schadet den Schildkröten.

	März April	Mai Juni
Ereignisse	■ Aufwachphase nach der Winterstarre ■ Beginn der Aktivität ■ Paarung	■ Eiablage
Pflegemaßnahmen	■ Auswintern ■ Überprüfung des Gesundheitszustandes nach der Winterstarre	■ Vorbereitung des Brutkastens
Gehege	■ Aussaat von Samen unter Glas ■ erste Gehegearbeiten	■ Aussaat direkt ins Freigehege ■ die im Herbst gekauften Pflanzen in die Gehege setzen

Juli August	September Oktober	von November bis März
■ Schlupf	■ Vorbereitung auf die Winterstarre	■ Winterstarre
■ Baden der Tiere im August, um Kotproben zu erhalten ■ Untersuchung von Kotproben durch einen Tierarzt ■ bei Bedarf Tiere behandeln	■ 'Winterstarre-Check' ■ Baden, um den Flüssigkeitsbedarf zu decken	■ regelmäßige Sicht- und Gewichtskontrolle ■ Befeuchtung des Überwinterungssubstrats
■ Aussäen der Pflanzen in Schalen ■ Gehegegestaltung mit größeren Futterpflanzen	■ Kauf von Pflanzen für das Frühjahr, abseits vom Gehege aufbewahren ■ Durchführung letzter Gehegearbeiten, Sträucher zurückschneiden ■ Pflanzen aussäen	■ keine Arbeiten im Gehege notwendig

XIV

ARTENSCHUTZ UND GESETZLICHE REGELUNGEN

Abgebranntes Schildkrötenhabitat

Die Vegetation wächst in diesem Gebiet relativ gut nach – die Schildkröten hingegen nicht.

Die Artenvielfalt im Tier- und Pflanzenreich ist gefährdet. Leider muss man eine ständig fortschreitende Bedrohung durch Biotopverlust (z. B. Brandrodung, Bau von Hotelanlagen, Umweltverschmutzung) feststellen. Um vor allem die Entnahme, den Handel sowie den Besitz von geschützten Tieren zu kontrollieren und ihn ggf. zu beschränken, gibt es verschiedene Artenschutzregelungen, von denen ich zwei für uns besonders wichtige im Folgenden vorstellen möchte.

Deutschland ist 1976 dem Washingtoner Artenschutzübereinkommen (WA) beigetreten. Das Ziel ist die Regelung und Begrenzung des internationalen Handels mit gefährdeten Arten. Die Umsetzung des international geltenden WA in europäisches Recht regelt die EG-Verordnung Nr. 338/97. Sie gilt flächendeckend in allen EU-Mitgliedsstaaten und hat ebenso das Ziel, den Handel mit geschützten Arten zu überwachen.

Schildkröten auf dem Markt, Foto: U. Jost

Schildkröten werden auf einem Markt in Tunesien angeboten. Unwissende Touristen begehen beim Kauf eine Straftat und schädigen die Schildkrötenbestände.

Die bedrohten Arten werden in zwei Schutzkategorien eingeordnet: Arten, die stark bedroht sind, genießen einen Schutzstatus entsprechend Anhang-A der genannten EG-Verordnung. Sie werden dort als „streng geschützt" bezeichnet. Arten, die weniger stark bedroht sind, zählen lt. Anhang-B zu den „besonders geschützten Arten".

Im Einzelnen:

- Anhang-A: Griechische Landschildkröte, Maurische Landschildkröte, Breitrandschildkröte und verschiedene nichteuropäische Schildkröten,
- Anhang-B: Vierzehen-Landschildkröte und verschiedene nichteuropäische Arten

Neben diesen grundsätzlichen Regelungen zum Artenschutz gibt es für uns Landschildkrötenhalter weitere gesetzliche Verpflichtungen, denen wir nachkommen müssen.

Meldepflicht

Durch § 7 Abs. 2 der Bundesartenschutzverordnung (BArtSchV) in der Fassung vom Februar 2005 muss der Bestand von allen besonders und streng geschützten Wirbeltierarten sowie alle weiteren Zu- und Abgänge unverzüglich schriftlich bei der zuständigen Behörde gemeldet werden.
Alle weltweit bekannten Landschildkrötenarten müssen somit registriert werden. Diese Regelung ist übrigens schon seit 1987 in der BArtSchV verankert.

Nachweispflicht

Durch die so genannte Nachweispflicht müssen alle geschützten Reptilien (und somit auch alle Landschildkröten) ein Dokument besitzen, welches den legalen Erwerb nachweist. Von 1984 bis Mitte 1997 wurden daher die (blauen) CITES-Bescheinigungen für alle geschützten Arten ausgestellt. Die damals ausgestellten Bescheinigungen behalten auch heute weiterhin ihre Gültigkeit.

Mit dem Inkrafttreten der EG-Artenschutzverordnung 338/97 werden seit 1997 (gelbe) EG-Bescheinigungen ausgestellt. Durch diese Gesetzesänderung erhalten nur noch die nach Anhang-A streng geschützten Arten diese Papiere. Verkauft ein Züchter Nachzuchten aus eigener Haltung, werden diese Papiere benötigt, um den legalen Erwerb nachzuweisen. Der neue Schildkrötenhalter erhält zusammen mit dem Tier die dazugehörige EG-Bescheinigung. Der Züchter muss das Tier bei seiner Behörde ab- und der neue Halter das Tier bei seiner zuständigen Behörde anmelden.
Anhang-B-Tiere (z. B. Vierzehen-Landschildkröten) benötigen hingegen nur eine Züchterbescheinigung, um den legalen Erwerb nachweisen zu können. Sämtliche Bescheinigungen werden von demjenigen Halter zu Hause aufbewahrt, der die Tiere im rechtmäßigen Besitz hält.

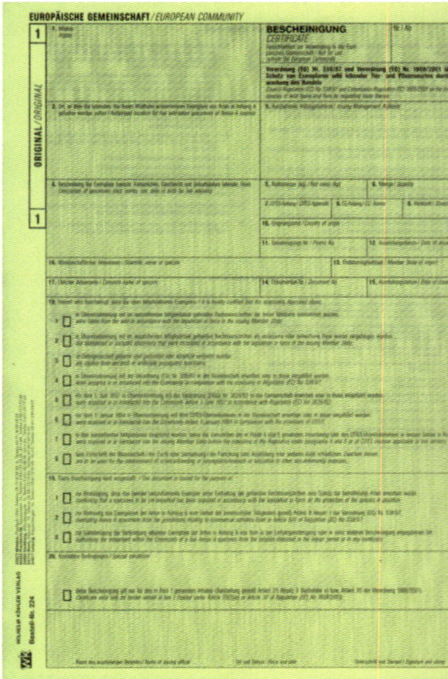
EUROPÄISCHE GEMEINSCHAFT/EUROPEAN COMMUNITY
BESCHEINIGUNG
CERTIFICATE
ORIGINAL/ORIGINAL

EG-Bescheinigung für Anhang-A-Tiere

Fotodokumentation

Bei streng geschützten Anhang-A-Tieren ist es zudem notwendig, eine Fotodokumentation zu besitzen. Anhand der individuellen Zeichnung des Panzers kann ein Tier eindeutig erkannt werden. Dazu werden in regelmäßigen, von der Behörde vorgegebenen Abständen Bilder von Bauch- und Rückenpanzer angefertigt und an die Bescheinigung geheftet. Eine genormte Unterlage (1 Kästchen entspricht 1 cm) oder ein neben das Tier gelegter Maßstab ist beim Fotografieren zu empfehlen. Das erste Bilderpaar wird durch die Behörde an der Bescheinigung angebracht, alle weiteren Bilder müssen durch den jeweils aktuellen Besitzer hinzugefügt werden.

Informieren Sie sich bitte bei Ihrer zuständigen Behörde, um die vorgeschriebenen Abstände, in denen Fotos von einem Tier anzufertigen sind, zu erfahren. Halten Sie sich genau an die behördlichen Anweisungen.

Fotos, die für die Fotodokumentation von Anhang-A-Tieren genutzt werden.

Fallbeispiel: Rechtsfragen um Europäische Landschildkröten

Erwerb von Landschildkröten:

Haben Sie Tiere erworben, müssen Sie sie bei der zuständigen Behörde mit Vorlage oder Kopie der Bescheinigung (einschließlich Fotodokumentation bei Anhang-A-Tieren) unmittelbar anmelden.

Anzugeben ist die Adresse des Vorbesitzers, das Datum des Erwerbs und die eigene Adresse. Bei Anhang-A-Tieren müssen Sie nun als Halter die Fotodokumentation in regelmäßigen Abständen fortführen.

Abgabe einer Landschildkröte:

Wird ein Tier abgegeben, so muss die Schildkröte bei der Behörde mit Angabe des neuen Besitzers sowie des Abgangsdatums unmittelbar abgemeldet werden. Die vorhandenen Papiere werden dem neuen Besitzer überreicht.

Tod einer Landschildkröte:

Beim Tod des Tieres wird das Original der Bescheinigung an die Behörde zurückgegeben und das Datum angegeben, an dem die Schildkröte verstorben ist.

Die nach Anhang-B geschützte Vierzehen- Landschildkröten *(Testudo [Agrionemys] horsfieldii)*

Bei Rechtsfragen zur Haltung von Landschildkröten wenden Sie sich bitte stets an Ihre zuständige Behörde. In Hessen sind das die Regierungspräsidien.
In anderen Bundesländern kann auf Kreisebene auch die Untere Naturschutzbehörde der richtige Ansprechpartner sein.
Auf meiner Schildkröten-Homepage (www.schildkroetenfreund.de) ist eine Internetquelle genannt, die alle deutschlandweiten Behörden aufführt. Dort können Sie für Ihre Fotodckumentation auch das so genannte Karo-Papier als Unterlage herunterladen.

Danksagung/Nachwort

Nur durch die freundliche Mithilfe von Freunden, bekannten Schildkrötenhaltern und anderen fleißigen Unterstützern konnte dieses Buch entstehen. Ich möchte mich daher vor allem bei meiner Mutter Monika Geier, meiner Schwester Larissa Geier, meiner Freundin Bianca Wagner, sowie bei Andrea Heilig, Markus Mudrak, Pamela Simon, Markus Stumm, Susanne & Gerd Vogt und bei allen anderen herzlich bedanken, die zum Gelingen meines Vorhabens beigetragen haben.

Für das Fotografieren sowie die Erlaubnis zur Verwendung ihrer Bilder danke ich Silvia Bacher, Anja Dahl, Petra Friesleber, Malte Hauff, Urs Jost, Andrea Krieger, Volker Mattern, Marion Minch, Susanne & Gerd Vogt und dem Kinderleicht Wissen Verlag.

Für die Umsetzung bedanke ich mich besonders bei Hans-Dieter Philippen (Fachlektorat), Bernd Ehgart (Lektorat) und Katharina Feld (Gestaltung).

Maurische Landschildkröte im naturnah angelegten Gehege

Ich freue mich, wenn Ihnen mein Buch geholfen hat, für eine möglichst naturnahe Haltung von Schildkröten in menschlicher Obhut Sorge zu tragen. Die meisten Schildkrötenarten sind inzwischen stark vom Aussterben bedroht.

Wir sollten die Tiere nur dann halten, wenn wir eine möglichst artgerechte und dauernde Pflege in Gefangenschaft gewährleisten können.
Daher sollten wir alles tun, um den Tieren in großflächigen und artgerecht strukturierten Freilandgehegen ein weitgehend selbstständiges und naturnahes Leben zu ermöglichen.

Die Tiere danken es mit einem gesunden und zufriedenen Leben und bereiten uns damit auf Dauer sehr viel Spaß und Freude an diesem einzigartigen Hobby!

Ein Schildkröten-Tag neigt sich dem Ende. Diese Vierzehen-Schildkröte hat im Schutzhaus einen Platz für die Nacht gefunden.

Bewährte Utensilien meiner Schildkrötenhaltung:

Wassersprüher

Zur täglichen Befeuchtung des Substrates (z. B. Sphagnum-Moos, Laub, Erde) verwende ich diese Plastikflaschen, um damit Wasser gleichmäßig und fein genug zu verstäuben. Während der Winterstarre übersprühe ich das Laub mit kaltem Wasser, um die ggf. notwendige Substratfeuchte sicherzustellen.

Thermometer

Ein in den Boden gestecktes Bratenthermometer (links) eignet sich hervorragend, um die Erdtemperaturen im Gehege, Schutzhaus oder Überwinterungskiste zu messen. Es ist wasserunempfindlich und deswegen besser geeignet als batteriebetriebene Digitalthermometer. Ein Laserthermometer (hier: Fa. Voltcraft, www.conrad.de, rechts) ergibt sehr genaue Messergebnisse. Wegen seiner sehr genauen und schnellen Temperaturmessung nutze ich dieses Laserthermometer vor allem für den Temperaturbereich unter der Wärmelampe und die Kontrolle der Winterstarretemperatur im Kühlschrank.

Futter durch Voraussaat

Um meinen Tieren bereits im zeitigen Frühjahr wertvolle Futterpflanzen anbieten zu können, werden geeignete Kräutermischungen vorab im Haus oder im Frühbeet/Gewächshaus angesät. Im Sommer über abgefressene Pflanzen kann ich außerdem durch Futterpflanzen ersetzen, die z. B. in Schalen oder Töpfen außerhalb des Schildkrötengeheges angebaut wurden. Dieses Futter kann ggf. auch für winterwache oder kranke Schildkröten angeboten werden.

Verwendete Literatur:

DAUBNER, MICHAEL/VINKE, THOMAS. 2006. Schildkröten im Fokus, Sonderband. Testudo, Häufig gehaltene Arten. Bergheim: dauvi-Verlag.

DENNERT, CAROLIN. 2001. Ernährung von Landschildkröten. Münster: Natur und Tier - Verlag.

ECKSTEIN, SIMON. 2009. Benny Blu Landschildkröten – Lebende Urtiere (= Benny Blu, H. 202). Regensburg: Kinderleicht Wissen Verlag.

GEIER, THORSTEN. 2005. Fester Panzer – weiches Herz. Tipps, Tricks und Erfahrungen bei der Haltung von europäischen Landschildkröten. Biebertal: LSK-Verlag.

KIRSCHE, WALTER. 1997. Die Landschildkröten Europas. Biologie, Pflege, Zucht und Schutz. Melle: MERGUS Verlag.

KÖHLER, HORST. 2008. Aufzucht europäischer Landschildkröten-Babys. Vom Ei zum robusten Jungtier. Augsburg: Schildi-Verlag Horst Köhler.

KÖLLE, PETRA. 2002. KOSMOS praxiswissen terraristik: Reptilien-Krankheiten. Stuttgart: Kosmos Verlag.

MINCH, MARION. 2006. PraxisRatgeber Freilandanlagen für Schildkröten. Frankfurt am Main: Edition Chimaira.

MIRLACH, GEORG. 2007. Ihr Hobby: Breitrandschildkröten. Testudo marginata. Ruhmannsfelden: bede-Verlag.

ROGNER, MANFRED. 2007. Die Breitrandschildkröte (Testudo marginata). Münster: Natur und Tier - Verlag.

VINKE, THOMAS/VINKE, SABINE. 2004. Vermehrung von Landschildkröten. Offenbach: Herpeton.

WEGEHAUPT, WOLFGANG. 2004. Sardinien, die Insel der europäischen Schildkröten. Kressbronn am Bodensee: Wegehaupt Verlag.

WEGEHAUPT, WOLFGANG. 2006. Natürliche Haltung und Zucht der Griechischen Landschildkröte. Kressbronn am Bodensee: Wegehaupt Verlag.

ZIRNGIBL, RAINER. 2000. Ihr Hobby: Griechische Landschildkröten. Ruhmannsfelden: bede-Verlag.

Empfohlene Homepages:

Deutsche Gesellschaft für Herpetologie und Terrarienkunde e.V. (DGHT): www.dght.de

Arbeitsgemeinschaft Schildkröten der DGHT: www.ag-schildkroeten.de

Schildkröten-Interessengemeinschaft Schweiz (SIGS): www.sigs.ch

Informationen zu Futterpflanzen: www.schildifutter.de

Homepage zur naturnahen Haltung von Europäischen Landschildkröten von Thorsten Geier: www.schildkroetenfreund.de

Empfohlene Schildkröten-Fachzeitschriften:

MARGINATA: www.marginata-magazin.de.

Schildkröten im Fokus: www.schildkroeten-im-fokus.de

RADIATA – Journal der DGHT-AG Schildkröten: www.radiata.de

TESTUDO – Zeitschrift der Schildkröten-Interessengemeinschaft Schweiz: www.sigs.ch